国家职业教育改革发展示范学校重点建设专业精品教材

光伏组件制造工艺

张学彩　主　编

電子工業出版社
Publishing House of Electronics Industry
北京·BEIJING

内 容 简 介

本书以光伏组件的制造工艺流程为主要内容，对现有的组件制造工艺流程进行了全面的介绍和讲解。重点介绍了组件生产环节中：电池片电学性能测试，电池片的激光切割，电池片的组装与焊接，电池片的层叠，组件的层压工艺，组件的缺陷测试，组件的装框，组件的成品测试等内容。

全书分为八个项目实施，分别是：光伏电池基础，光伏电池的切割与分类，电池片的焊接与层叠，电池组件的层压，层压后组件内部缺陷检测，组件的装框与接线盒的安装，组件成品性能检测，太阳能电动小车制作等内容。

本书可作为职业学校光电子技术，新能源等专业的教材和参考用书，也可供有关工程技术人员参考。

图书在版编目（CIP）数据

光伏组件制造工艺/张学彩主编．—北京：电子工业出版社，2015.1
国家职业教育改革发展示范学校重点建设专业精品教材
ISBN 978-7-121-25292-1

Ⅰ．①光…　Ⅱ．①张…　Ⅲ．①太阳能电池－加工－中等专业学校－教材　Ⅳ．①TM914.4

中国版本图书馆 CIP 数据核字（2014）第 305536 号

策划编辑：张　帆
责任编辑：张　帆
印　　刷：北京七彩京通数码快印有限公司
装　　订：北京七彩京通数码快印有限公司
出版发行：电子工业出版社
　　　　　北京市海淀区万寿路 173 信箱　邮编 100036
开　　本：787×1 092　1/16　印张：8.75　字数：224 千字
版　　次：2015 年 1 月第 1 版
印　　次：2025 年 1 月第 13 次印刷
定　　价：20.00 元

凡所购买电子工业出版社图书有缺损问题，请向购买书店调换。若书店售缺，请与本社发行部联系，联系及邮购电话：（010）88254888，88258888。

质量投诉请发邮件至 zlts@phei.com.cn，盗版侵权举报请发邮件至 dbqq@phei.com.cn。

本书咨询联系方式：（010）88254592，bain@phei.com.cn。

从我国未来社会经济发展战略路径看，发展太阳能光伏产业是我国保障能源供应、建设低碳社会、推动经济结构调整、培育战略性新兴产业的重要方向。近些年来随着光伏产业的兴起与发展，急需一批具备一定的专业知识和动手操作能力的中、高级光伏制造的技能人才。而职业教育正是在这种形式下发展起来。为了满足高等职业教育对应用型人才的培养目标要求，我们组织了一批在教学一线从事光伏理论教学和光伏实训教学经验丰富的优秀教师，结合我校现有的理论和实训教学及生产设备，深入企业参观学习，吸取借鉴其他版本实验教材的成功经验，本着"广吸收、不套用、有创新"的态度，以职业分析为依据，以岗位需求为基本，以培养管理、服务一线的应用型人才为宗旨，编写了适合中、高职光电子专业学生的实训操作指导教材。

太阳能光伏组件制造工艺，在整个太阳光伏电池制造工艺流程中而言仅是其中的一个环节部分。本书以坚实的理论知识为基础，大量的企业实际生产操作为依据，同现有其他版本的教材相比，具有鲜明的特色：

首先，从结构和编写流程上来说，与实际生产制造流程相吻合；从内容上，涵盖了由光伏电池片组装成光伏组件的全部内容，涉及制作工作的每一个环节，每一个步骤。使职业学校的学生易于掌握和接受。

本书由张学彩主编，并负责整个教材的整体规划和设计。张文建、王晅、张艳艳、黄静萍、王二飞、林海翔、徐正元参与了本教材的编写。

由于编者水平有限，本书中错误之处在所难免，欢迎广大读者批评指正。

编　者

2014.11.

目 录

概　论

太阳能是未来最清洁、安全和可靠的能源，发达国家正在把太阳能的开发利用作为能源革命主要内容长期规划，光伏产业正日益成为国际上继IT、微电子产业之后又一爆炸式发展的行业。与水电、风电、核电等相比，太阳能发电没有任何排放和噪声，应用技术成熟，安全可靠；除大规模并网发电和离网应用外，太阳能还可以通过抽水、超导、蓄电池、制氢等多种方式储存。太阳能作为一种清洁的可再生能源，是未来低碳社会的理想能源之一，当下正越来越受到世界各国的重视。

目前，各主要发达国家均从战略角度出发大力扶持光伏产业发展，通过制定上网电价法或实施“太阳能屋顶”计划等推动市场应用和产业发展。国际各方资本也普遍看好光伏产业：一方面，光伏行业内众多大型企业纷纷宣布新的投资计划，不断扩大生产规模；另一方面，其他领域如半导体企业、显示企业携多种市场资本正在或即将进入光伏行业。

从我国未来社会经济发展战略路径看，发展太阳能光伏产业是我国保障能源供应、建设低碳社会、推动经济结构调整、培育战略性新兴产业的重要方向。“十二五”期间，我国光伏产业将继续处于快速发展阶段，同时面临着大好机遇和严峻挑战。主要体现在以下几个方面：

1. 光伏产业面临广阔发展空间

世界常规能源供应短缺危机日益严重，化石能源的大量开发利用是造成自然环境污染和人类生存环境恶化的主要原因之一，寻找新兴能源已成为世界热点问题。在各种新能源中，太阳能光伏发电具有无污染、可持续、总量大、分布广、应用形式多样等优点，受到世界各国的高度重视。我国光伏产业在制造水平、产业体系、技术研发等方面具有良好的发展基础，国内外市场前景总体看好，只要抓住发展机遇，加快转型升级，后期必将迎来更加广阔的发展空间。

2. 光伏产业、政策及市场亟待加强互动

从全球来看，光伏发电在价格上具备市场竞争力尚须一段时间，太阳能电池需求的近期成长动力主要来自于各国政府对光伏产业的政策扶持和价格补贴；市场的持续增长也将推动产业规模扩大和产品成本下降，进而促进光伏产业的健康发展。目前国内支持光伏应用的政策体系和促进光伏发电持续发展的长效互动机制正在建立过程中，太阳能电池产品多数出口，产业发展受金融危机和海外市场变化影响很大，对外部市场的依存度过高，不利于持续健康发展。

3. 面临国际经济动荡和贸易保护的严峻挑战

近年来全球经济发展存在动荡形势，一些国家的新能源政策出现调整，相关补贴纷纷下调，对我国光伏产业发展有较大影响。同时，欧美等国已发生多起针对我国光伏产业的贸易纠纷，类似纠纷今后仍将出现，主要原因有：一是我国太阳能电池成本优势明显，对国外产品造成压力；二是国内光伏市场尚未大规模启动，产品主要外销，可能引发倾销疑虑；存在产品质量水平参差不齐等问题。

4. 新工艺、新技术快速演进，国际竞争不断加剧

全球光伏产业技术发展日新月异：晶体硅电池转换效率年均增长一个百分点；薄膜电池技术水平不断提高；纳米材料电池等新兴技术发展迅速；太阳能电池生产和测试设备不断升级。而国内光伏产业在很多方面仍存在较大差距，国际竞争压力不断升级：多晶硅关键技术仍落后于国际先进水平，晶硅电池生产用高档设备仍需进口，薄膜电池工艺及装备水平明显落后。

5. 市场应用不断拓展，降低成本仍是产业主题

太阳能光伏市场应用将呈现宽领域、多样化的趋势，需求的光伏产品将不断问世，除了大型并网光伏电站外，与建筑相结合的光伏发电系统、小型光伏系统、离网光伏系统等也将快速兴起。太阳能电池及光伏系统的成本持续下降并逼近常规发电成本，仍将是光伏产业发展的主题，从硅料到组件以及配套部件等均将面临快速降价的市场压力，太阳能电池将不断向高效率、低成本方向发展。

针对目前光伏发电成本高、产能相对过剩、国内产业对出口依存度过高的特点，中国应该加大政策指导和扶持力度，以此来发展和壮大太阳能光伏产业的国内市场。经验表明，中国政府的政策导向将在未来一段时间内决定着中国光伏产业的发展水准和市场需求。相信在节能减排、低碳经济的大背景下，在中国政府的大力扶持和倡导下，中国的太阳能光伏产业未来前景无限光明，发展空间极其广阔。长期发展，潜力无限，必将造福全人类。

项目一 光伏电池基础

学习要求

1．了解光伏材料硅的基本知识；
2．知道晶体硅电池片的制造工艺;
3．知道晶体硅电池制作工艺和过程;
4．了解几种其他类型电池。

1.1 硅材料基础

1. 硅的原子结构

硅原子位于元素周期表第 IV 主族，化学符号是 Si，旧称矽。它的原子序数为 Z=14，原子核外有 14 电子。电子在原子核外，按照能级由低到高，由里到外，层层环绕，这称为原子核外电子的壳层结构。其核外电子的二维分布如图 1-1 所示，图 1-1 中硅原子的核外电子第一层有 2 个电子，第二层有 8 个电子，这两层都达到了稳定结构状态。还有 4 个电子分布在最外层，即最外层的 4 个电子为价电子，这 4 个电子对硅原子的物理特性和化学反应方面起着重要作用。图 1-2 所示是硅原子核外电子的三维结构示意图。

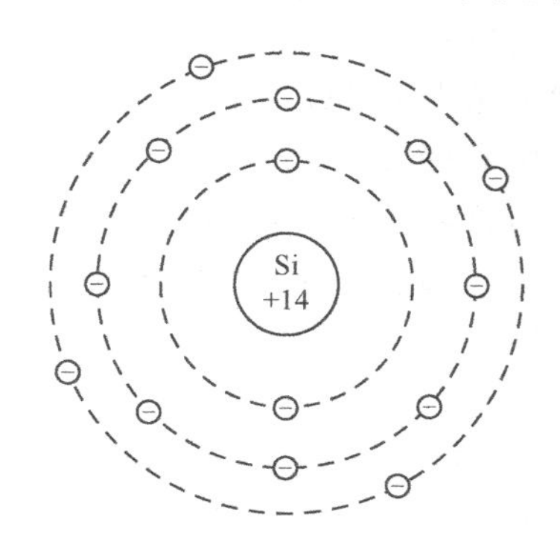

图 1-1　硅原子核外电子的二维结构示意图

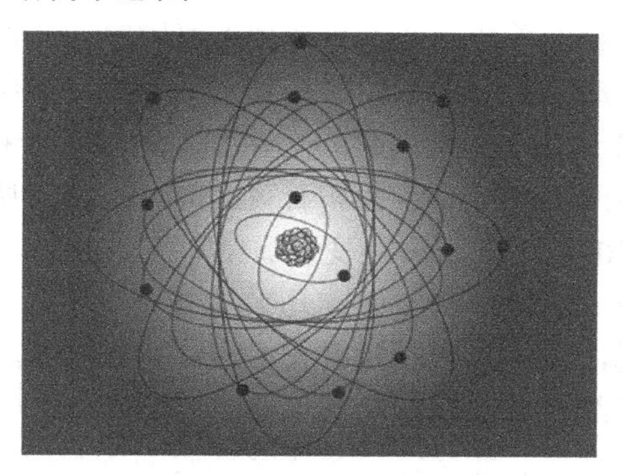

图 1-2　硅原子核外电子的三维结构示意图

2. 硅的物理和化学特性

硅材料的分类可分为:

硅 { 晶体硅 { 单晶体 / 多晶体 ; 非晶硅 }

（1）单晶硅

熔融的单质硅在凝固时硅原子以金刚石晶格排列成许多晶核，如果这些晶核长成晶面取向相同的晶粒，则这些晶粒平行结合起来便结晶成单晶硅。单晶硅其结构与金刚石类似，属于正四面体结构，是带有金属光泽的灰黑色固体，密度为 2.33g/cm^3，熔点为 1410℃，沸点 2355℃，硬度大有脆性。常温下化学性质不活泼，在高温下能与氧气等多种元素化合，不溶于水、硝酸和盐酸，溶于氢氟酸和碱性溶液。

单晶硅具有基本完整的点阵结构的晶体，其不同的方向具有不同的性质，是一种良好的半导材料。纯度要求达到 99.9999%，甚至达到 99.9999999%以上。用于制造半导体器件、太阳能电池等。单晶硅具有准金属的物理性质，有较弱的导电性，其电导率随温度的升高而增加，有显著的半导电性。超纯的单晶硅是本征半导体。在超纯单晶硅中掺入微量的ⅢA 族元素，如硼可提高其导电的程度，而形成 P 型硅半导体；如掺入微量的ⅤA 族元素，如磷或砷也可提高导电程度，形成 N 型硅半导体。单晶硅棒如图 1-3 所示。

图 1-3　单晶硅棒

（2）多晶硅

熔融的单质硅在过冷条件下凝固时，硅原子以金刚石晶格形态排列成许多晶核，如这些晶核长成晶面取向不同的晶粒，则这些晶粒结合起来，就结晶成多晶硅。灰色金属光泽。密度 2.32～2.34 g/cm^3，熔点与沸点与单晶硅一样。溶于氢氟酸和硝酸的混酸中，不溶于水、硝酸和盐酸。硬度介于锗和石英之间，室温下质脆，切割时易碎裂。加热至 800℃以上即有延性，1300℃时显出明显变形。常温下不活泼，高温下与氧、氮、硫等反应。高温熔融状态下，具有较大的化学活泼性，几乎能与任何材料作用。具有半导体性质，是极为重要的优良半导体材料，微量的杂质即可大大影响其导电性。

多晶硅可作拉制单晶硅的原料，多晶硅与单晶硅的差异主要表现在物理性质方面。例如，在力学性质、光学性质和热学性质的各向异性方面，远不如单晶硅明显；在电学性质方面，多晶硅晶体的导电性也远不如单晶硅显著，甚至于几乎没有导电性。在化学活性方面，两者的差异极小。多晶硅和单晶硅可从外观上加以区别，但真正的鉴别须通过分析测定晶体的晶面方向、导电类型和电阻率等。多晶硅锭如图 1-4 所示。

图 1-4　多晶硅锭

（3）非晶硅

"非晶硅"从字面上可简单地看成"非，晶硅"，也就是说不是晶硅的硅，晶硅的结构特点是硅原子排列有序，所以长程有序，而非晶硅由于硅原子排列无序导致长程无序，且存在较多的缺陷，因此电性能较差，但正是由于无长程序导致吸收光子时不存在动量守恒的束缚，因此光吸收系数大，所以晶硅电池需 200μm 左右，而非晶硅不到 1μm 就够了。

非晶硅又称无定形硅，是单质硅的一种形态。棕黑色或灰黑色的微晶体。硅不具有完整的金刚石晶胞，纯度不高。熔点、密度和硬度也明显低于晶体硅。

非晶硅的制备：由非晶态合金的制备知道，要获得非晶态，需要有高的冷却速率，而对冷却速率的具体要求随材料而定。硅要求有极高的冷却速率，用液态快速淬火的方法目前还无法得到非晶态。近年来，发展了许多种气相淀积非晶态硅膜的技术，其中包括真空蒸发、辉光放电、溅射及化学气相淀积等方法。一般所用的主要原料是单硅烷（SiH_4）、二硅烷（Si_2H_6）、四氟化硅（SiF_4）等，纯度要求很高。非晶硅膜的结构和性质与制备工艺的关系非常密切，目前认为以辉光放电法制备的非晶硅膜质量最好，设备也并不复杂。非晶硅薄膜太阳能电池片如图 1-5 所示。

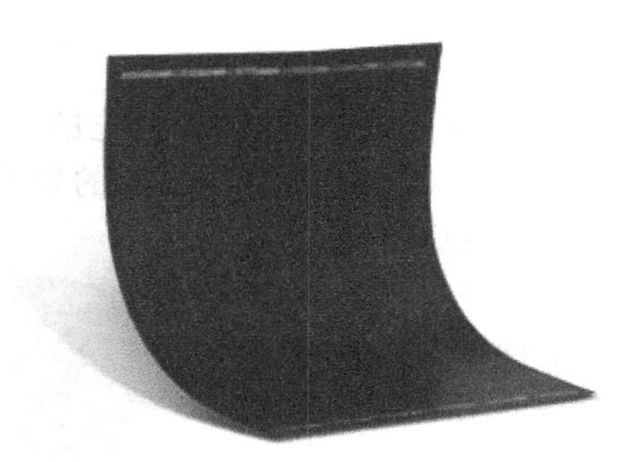

图 1-5　非晶硅薄膜太阳能电池片

3. 硅的制取与提纯

硅在自然界中虽然分布很广，在地壳中约含 27.6%，其含量仅次于氧，居第二位。但在自然界中没有游离态的硅，只有化合态的硅。它以复杂的硅酸盐或二氧化硅的形式，广泛存在于岩石、砂砾、尘土之中。硅的提炼如图 1-6 所示。

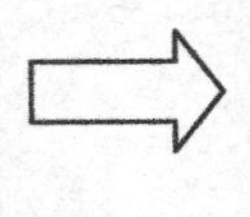

图 1-6　硅的提炼

较为纯净的硅（Si）是从自然界中的石英矿石（主要成分 SiO_2）中提取出来的，分以下几步反应获得：

① 二氧化硅和碳粉在高温条件下反应，生成粗硅：

$$SiO_2+2C==Si(粗)+2CO$$

② 粗硅和氯气在高温条件下反应生成氯化硅：

$$Si(粗)+2Cl_2==SiCl_4$$

③ 氯化硅和氢气在高温条件下反应得到纯净硅：

$$SiCl_4+2H_2==Si(纯)+4HCl$$

以上是硅的工业制法，在实验室中可以用以下方法制得较纯的硅。

① 将细砂粉（SiO_2）和镁粉混合加热，制得粗硅：

$$SiO_2+2Mg==2MgO+Si(粗)$$

② 这些粗硅中往往含有镁、氧化镁和硅化镁，这些杂质可以用盐酸除去：

$$Mg+2HCl==MgCl_2+H_2$$

$$MgO+2HCl==MgCl_2+H_2O$$

$$Mg_2Si+4HCl==2MgCl_2+SiH_4$$

③ 过滤，滤渣即为纯硅。

4. 硅在太阳能电池上的应用

（1）单晶硅太阳电池

单晶硅太阳电池是当前开发得最快的一种太阳电池，它的构成和生产工艺已定型，产品已广泛用于宇宙空间和地面设施。这种太阳电池以高纯的单晶硅棒为原料，纯度要求为99.9999%。为了降低生产成本，现在地面应用的太阳电池等采用太阳能级的单晶硅棒，材料性能指标有所放宽。有的也可使用半导体器件加工的头尾料和废次单晶硅材料，经过复拉制成太阳电池专用的单晶硅棒。将单晶硅棒切片、抛磨、清洗等工序，制成待加工的原料硅片。由硅片制作成组件还需要很多复杂工艺流程，后面的单晶硅电池制造工艺中会详细讲述。目前单晶硅太阳电池的光电转换效率为15%左右，实验室成果也有20%以上的。用于宇宙空间站的还有高达50%以上的太阳能电池板。单晶硅电池片如图 1-7 所示。

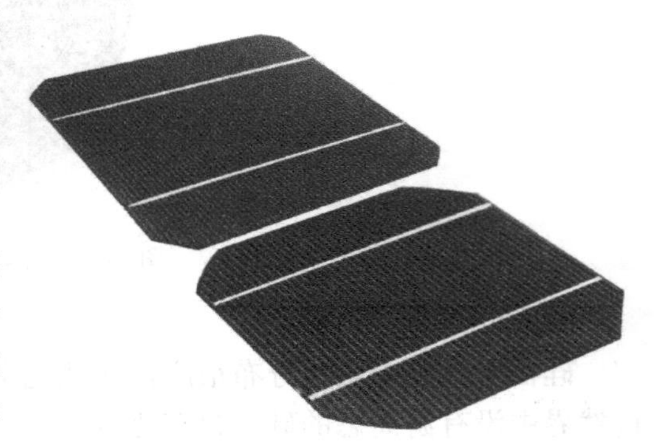

图 1-7　单晶硅电池片

（2）多晶硅太阳电池

单晶硅太阳电池的生产需要消耗大量的高纯硅材料，而制造这些材料工艺复杂，电耗很大，在太阳电池生产总成本中已超 1/2，加之拉制的单晶硅棒造成太阳能组件平面利用率低。因此，20 世纪 80 年代以来，欧美一些国家投入了多晶硅太阳电池的研制。多晶硅太阳电池的制作工艺与单晶硅太阳电池差不多，其光电转换效率约 12%，稍低于单晶硅太阳电池，但是材料制造简便，节约电耗，总的生产成本较低，因此得到大力发展。随着技术提高，目前多晶硅的转换效率也可以达到 14%左右。目前在太阳能电池制造中，绝大多数光伏发电组件都是采用多晶硅电池片制作的。多晶硅电池片如图 1-8 所示。

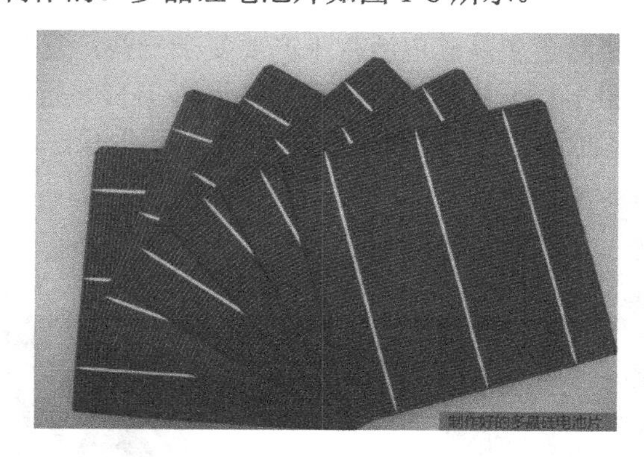

图 1-8　多晶硅电池片

（3）非晶硅太阳电池

非晶硅太阳电池是 1976 年出现的新型薄膜式太阳电池，它与单晶硅和多晶硅太阳电池的制作方法完全不同，硅材料消耗很少，电耗更低，非常吸引人。制造非晶硅太阳电池的方法有多种，最常见的是辉光放电法，还有反应溅射法、化学气相沉积法、电子束蒸发法和热分解硅烷法等。因为普通晶体硅太阳电池单个只有 0.5V 左右的电压，现在日本生产的非晶硅串联太阳电池可达 2.4V。目前非晶硅太阳电池存在的问题是光电转换效率偏低，国际先进水平为 10%左右，且不够稳定，常有转换效率衰降的现象，所以尚未大量用于做大型太阳能电源，而多半用于弱光电源，如袖珍式电子计算器、电子钟表及复印机等方面。估计效率衰降问题克服后，非晶硅太阳电池将促进太阳能利用的大发展，因为它成本低，重量轻，应用更为方便，它可以与房屋的屋面结合构成住户的独立电源。非晶硅电池组件如图 1-9 所示。

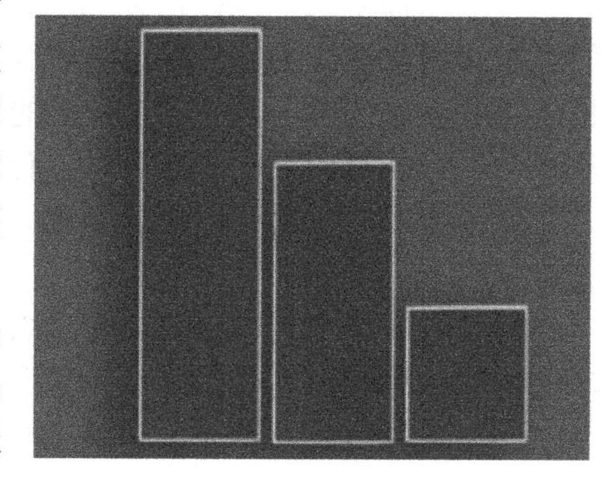

图 1-9　非晶硅电池组件

在猛烈阳光照射下，单晶体式太阳能电池板较非晶体式能够转化多一倍以上的太阳能为电能，但可惜单晶体式的价格比非晶体式的昂贵两三倍以上，而且在阴天的情况下非晶体式反而与晶体式能够收集到几乎一样多的太阳能。

1.2 晶体硅电池片的制造工艺

晶体硅太阳能电池制作主要分为两个过程，单晶硅和多晶硅原材料的生产和电池片的制作。常规晶体硅太阳电池组件中，硅片的成本占55%～60%，太阳电池制片成本占15%～18%，组件材料及制造成本占25%～27%。

1.2.1 单晶硅电池片的制造工艺

单晶硅电池片的生产相对于多晶硅电池片生产要复杂一些，复杂的地方主要就是单晶硅棒的生长。将多晶硅（见图1-10）生产成单晶硅棒（见图1-11）所需的加工工艺是：①加料→②熔化→③缩颈生长→④放肩生长→⑤等径生长→⑥尾部生长。

图1-10 多晶硅料

图1-11 单晶硅棒

（1）加料：将多晶硅原料及杂质放入石英坩埚内，杂质的种类依电阻的N或P型而定。杂质种类有硼、磷、锑、砷。

（2）熔化：加完多晶硅原料于石英埚内后，长晶炉必须关闭并抽成真空后充入高纯氩气使之维持一定压力范围内，然后打开石墨加热器电源，加热至熔化温度（1420℃）以上，将多晶硅原料熔化。

（3）缩颈生长：当硅熔体的温度稳定之后，将籽晶慢慢浸入硅熔体中。由于籽晶与硅熔体场接触时的热应力，会使籽晶产生位错，这些位错必须利用缩颈生长使之消失掉。缩颈生长是将籽晶快速向上提升，使长出的籽晶的直径缩小到一定大小（4～6mm）由于位错线与生长轴呈一个交角，只要缩颈够长，位错便能长出晶体表面，产生零位错的晶体。

（4）放肩生长：长完细颈之后，须降低温度与拉速，使得晶体的直径渐渐增大到所需的大小。

（5）等径生长：长完细颈和肩部之后，借着拉速与温度的不断调整，可使晶棒直径的变化维持在-2～2mm之间，这段直径固定的部分即称为等径部分。单晶硅片取自于等径部分。

（6）尾部生长：在长完等径部分之后，如果立刻将晶棒与液面分开，那么热应力将使得晶棒出现位错与滑移线。于是为了避免此问题的发生，必须将晶棒的直径慢慢缩小，直至成为一尖点而与液面分开。这一过程称之为尾部生长。长完的晶棒被升至上炉室冷却一段时间后取出，即完成一次生长周期。最终生长成的单晶硅棒如图1-11所示。

单晶硅棒的生产流程如图1-12所示。

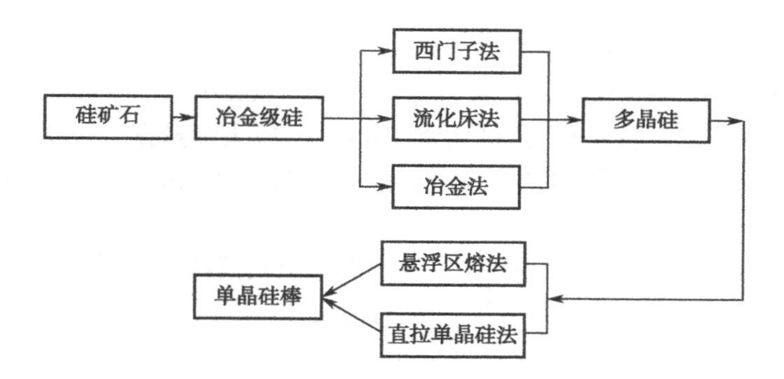

图 1-12　单晶硅棒的生产流程

要将单晶硅棒加工成单晶硅片，还得需要一系列的流程。主要加工流程如下所示：

①切断→②外径滚磨→③平边或 V 形槽处理→④切片→⑤倒角→⑥研磨→⑦腐蚀→⑧抛光→⑨清洗→⑩包装。

（1）切断：目的是切除单晶硅棒的头部、尾部及超出客户规格的部分，将单晶硅棒分段成切片设备可以处理的长度，切取试片测量单晶硅棒的电阻率含氧量。

切断的设备：内圆切割机或外圆切割机。

切断用主要进口材料：刀片。

（2）外径滚磨：由于单晶硅棒的外径表面并不平整且直径也比最终抛光晶片所规定的直径规格大，通过外径滚磨可以获得较为精确的直径。

外径滚磨的设备：磨床。

（3）平边或 V 形槽处理：指方位及指定加工，用以单晶硅棒上的特定结晶方向平边或 V 形。

处理的设备：磨床及 X-Ray 绕射仪。

（4）切片：指将单晶硅棒切成具有精确几何尺寸的薄晶片。

切片的设备：内圆切割机或线切割机。

（5）倒角：指将切割成的晶片税利边修整成圆弧形，防止晶片边缘破裂及晶格缺陷产生，增加磊晶层及光阻层的平坦度。

倒角的主要设备：倒角机。

（6）研磨：指通过研磨能除去切片和轮磨所造的锯痕及表面损伤层，有效改善单晶硅片的曲度、平坦度与平行度，达到一个抛光过程可以处理的规格。

研磨的设备：研磨机（双面研磨）。

主要原料：研磨浆料（主要成分为氧化铝、铬砂、水）、滑浮液。

（7）腐蚀：指经切片及研磨等机械加工后，晶片表面受加工应力而形成的损伤层，通常采用化学腐蚀去除。

腐蚀的方式：①酸性腐蚀，是最普遍被采用的。酸性腐蚀液由硝酸（HNO_3）、氢氟酸（HF）及一些缓冲酸（CH_3COCH，H_3PO_4）组成。

②碱性腐蚀，碱性腐蚀液由 KOH 或 NaOH 加纯水组成。

（8）抛光：指单晶硅片表面需要改善微缺陷，从而获得高平坦度晶片。

抛光的设备：多片式抛光机、单片式抛光机。

抛光的方式：分为粗抛和精抛两种。

粗抛：主要作用是去除损伤层，一般去除量为10～20μm；

精抛：主要作用是改善晶片表面的微粗糙程度，一般去除量在1μm以下。

主要原料：抛光液由具有SiO_2的微细悬硅酸胶及NaOH（或KOH或NH_4OH）组成，分为粗抛浆和精抛浆。

（9）清洗：在单晶硅片加工过程中很多步骤需要用到清洗，这里的清洗主要是抛光后的最终清洗。清洗的目的在于清除晶片表面所有的污染源。

清洗的方式：主要是传统的RCA湿式化学洗净技术。

主要原料：H_2SO_4，H_2O_2，HF，NH_4OH，HCL。

最终获得的单晶硅片如图1-13所示，而要将这样的单晶硅片生产成光伏单晶电池片（见图1-14）还要经过很多工艺流程，这些工艺中主要有如图1-15所示的几种。

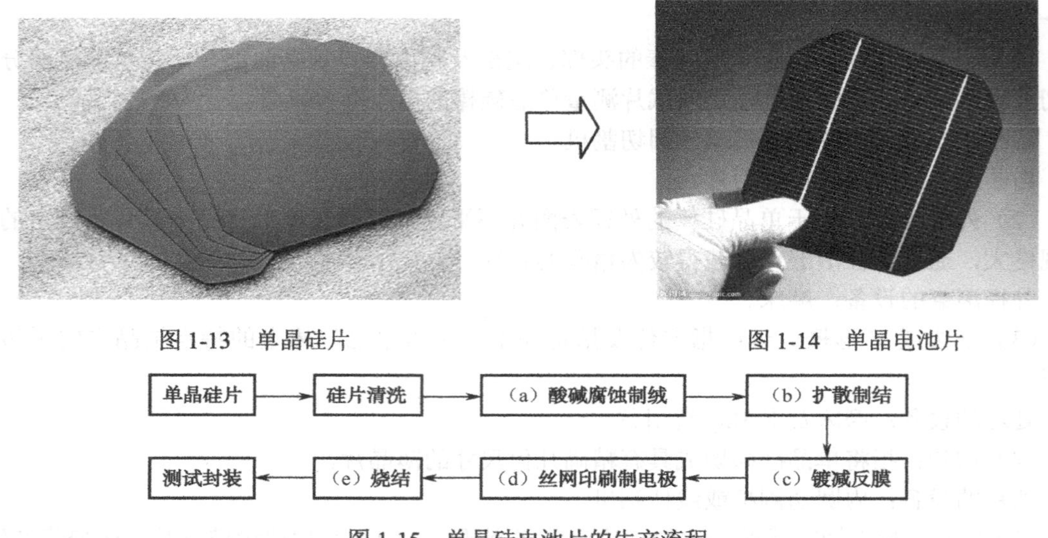

图1-13　单晶硅片

图1-14　单晶电池片

图1-15　单晶硅电池片的生产流程

下面对上述生产工艺中比较重要的环节做个介绍：

① 硅片正表面酸碱腐蚀制绒：不管是单晶硅片还是多晶硅片，都可以用酸或者碱来处理。无论用哪种方法处理，一般情况下，用碱处理是为了得到金字塔状绒面；用酸处理是为了得到虫孔状绒面。不管是哪种绒面，都可以提高硅片的陷光作用。

② 扩散制结：扩散一般用三氯氧磷液态源作为扩散源。把P型硅片放在管式扩散炉的石英容器内，在850～900℃高温下使用氮气将三氯氧磷带入石英容器，通过三氯氧磷和硅片进行反应，得到磷原子。经过一定时间，磷原子从四周进入硅片的表面层，并且通过硅原子之间的空隙向硅片内部渗透扩散，形成了N型半导体和P型半导体的交界面，也就是PN结。

③ 镀减反膜：沉积减反射层的目的在于减少表面反射，增加折射率。广泛使用PECVD淀积SiN，由于PECVD淀积SiN时，不光是生长SiN作为减反射膜，同时生成了大量的原子氢，这些氢原子能对多晶硅片具有表面钝化和体钝化的双重作用，可用于大批量生产。

④ 丝网印刷制电极：电极的制备是太阳电池制备过程中一个至关重要的步骤，它不仅决定了发射区的结构，而且也决定了电池的串联电阻和电池表面被金属覆盖的面积。最早采用真空蒸镀或化学电镀技术，而现在普遍采用丝网印刷法，即通过特殊的印刷机和模板将银浆铝浆（银铝浆）印刷在太阳电池的正背面，以形成正负电极引线。

⑤ 烧结：晶体硅太阳电池要通过三次印刷金属浆料，传统工艺要用二次烧结才能形成良好的带有金属电极欧姆接触，共烧工艺只需一次烧结，同时形成上下电极的欧姆接触。在太阳电池丝网印刷电极制作中，通常采用链式烧结炉进行快速烧结。

1.2.2　多晶硅电池片的制造工艺

多晶硅锭的生产流程如图 1-16 所示。实物如图 1-17 所示。

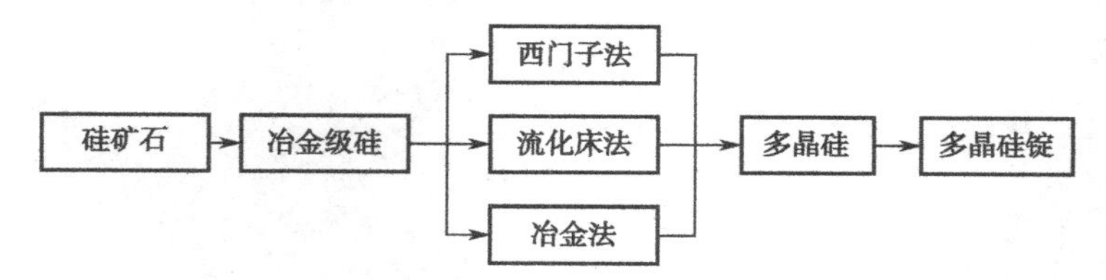

图 1-16　多晶硅锭的生产流程

图 1-17　多晶硅锭

比较图 1-12 和图 1-16 会发现多晶硅电池制造工艺与单晶硅电池有许多相似的地方。多晶硅可以作为单晶硅棒的原料，也可以直接用浇注法形成多晶硅锭。熔铸多晶硅锭比提拉单晶硅锭的工艺简单，省去了昂贵的单晶拉制过程，也能用较低纯度的硅做投炉料，材料利用率高，电能消耗较省。同时，多晶硅太阳电池的电性能和机械性能都与单晶硅太阳电池基本相似，而生产成本却低于单晶硅太阳电池，这也是目前多晶硅太阳能电池得到快速发展的因素。

多晶硅电池片的生产流程如图 1-18 所示。

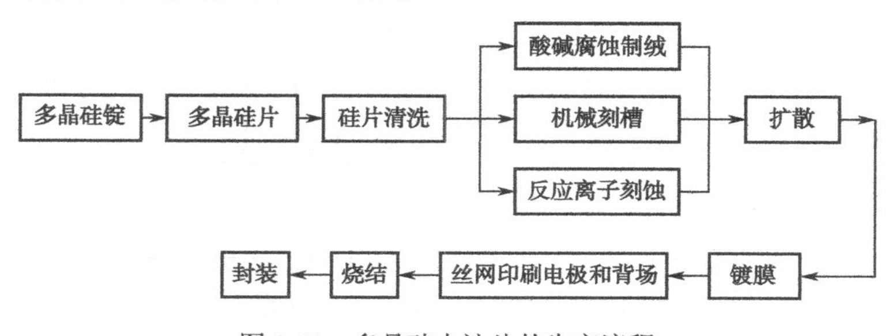

图 1-18　多晶硅电池片的生产流程

由于单晶硅和多晶硅在物理结构上不一样，制绒环节不同，单晶硅主要有酸碱腐蚀形成绒面，而多晶硅由于晶界、位错、微缺陷等，酸碱腐蚀得到绒面效果不佳，目前多用机械刻槽，利用 V 形刀在硅表面摩擦以形成规则的 V 形槽；反应离子刻蚀技术，在硅表面沉积一层镍铬层，然后用光刻技术在镍铬层上印出织构模型，接着就用反应离子刻蚀方法制备出表面织构，在硅表面制备出圆柱状和锥状织构，制成绒面，费用极高。

图 1-19 所示为进行扩散工艺之前的多晶硅片，而图 1-20 所示则为已经制成的多晶硅太阳能电池片。

图 1-19　多晶硅片　　　　图 1-20　多晶硅电池片

1.3 其他类型光伏电池制造工艺介绍

其他类型光伏电池主要是指一些薄膜类的光伏电池。它与晶硅电池产量的比较可以参考图 1-21 薄膜电池与晶硅电池产量的比较。表 1-1 所示是非晶硅、CIGS 和 CdTe 三种类型薄膜光伏电池的比较。因本书内容以目前全球产量最多的多晶硅电池生产技术的介绍为主，所以对于薄膜电池就不详细介绍了。

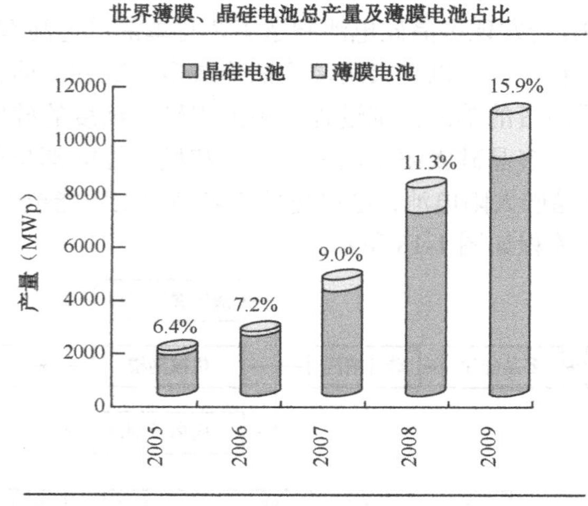

图 1-21　薄膜电池与晶硅电池产量的比较

表 1-1 全球主要薄膜光伏电池技术简介

指标	非晶硅	CIGS	CdTe
主要材料	硅	铜、铟、镓、硒化合物	碲、镉化合物
光吸收层厚度	0.2～0.5μm	<1μm	1μm
光吸收能力	非直接能隙材料，可吸收的光谱有限；吸收光子能量范围 1.1～1.7eV	直接能隙材料，吸收范围广；吸收光子能量范围 1.02～1.68eV	直接能隙材料，吸收范围广；吸收光子能量范围 1.45eV
发电稳定性	1．稳定性较差有光致衰减效应； 2．非/微叠层电池可改善光致衰减效应	稳定性高，无光致衰减效应	稳定性高，无光致衰减效应
产业化转化效率	非/微叠层 8.5%～9.5%	10%～12%	8.5%～10.5%
材料特性	硅烷为主要原材料，因用量少而供应充足	硒/铟为稀有金属，难以应付全面性大量的市场需求；缓冲层硫化镉具有潜在毒性	碲为稀有金属，难以应付全面性大量的市场需求；碲、镉为有毒元素，受限环保法规及消费心理障碍
材料控制性	产业界用硅技术成熟	四元素难以精准控制	二元素较 CIGS 易控制
材料成本	高品质 TCO 玻璃价格高	靶材成本会比基板高	材料成本约占 5 成
常见的成膜技术	1．化学气相沉积法（CVD）； 2．溅射法（sputter）	溅射法（sputter）	1．蒸镀法（Evaporation）； 2．适用多种成膜技术

光伏电池的切割与分类

学习要求

1. 掌握激光切割电池片的工艺；
2. 学会电池片切割的操作与设备维护；
3. 掌握单体电池分选测试工艺；
4. 学会单体电池分选测试仪的操作和维护。

2.1 电池片的切割工艺

YAG激光划片是利用高能激光束照射在光伏电池片的表面，让照射区域形成局部的熔化、气化，从而达到划片的效果。因激光是经专用光学系统聚焦后成为一个非常小的光点，能量密度高，并且加工是非结触式的，对工件本身没有机械冲压力，工件不会变形。其热影响极小，划精度非常高。

YAG激光划片机的应用领域：YAG激光划片机广泛应用于太阳能光伏行业，单晶硅和多晶硅太阳能电池片（Cell）和硅片（Wafer）的划片加工（切割划片）。

YAG激光划片机的特性：采用连续泵浦声光调Q的Nd：YAG激光器作为工作光源，由计算机控制二维工作台，能按输入的图形做各种运动。输出功率大，划片精度高，速度快，可进行曲线及直线图形切割。

2.1.1 激光切割设备介绍

在本书中以GSC-50K型YAG激光划片机进行介绍。

1. 工作原理

激光电源产生瞬间高压（可达20000V）来触发氪灯，并以预先设定电流维持，使氪灯点燃。当工作电流达到阈值，光腔输出连续激光，调Q器件对连续激光进行腔内调制，产生准连续激光（频率可调），以提高输出激光的峰值功率。计算机划片程序一方面控制工作台做相应运动，另一方面控制激光输出，输出的激光经扩束、聚焦后，在硅片表面形成高密度光斑，使加工的硅片表面瞬间气化，从而实现激光刻画工作的目的。

2. 技术参数

GSC-50K型YAG激光划片机技术参数如表2-1所示。

表 2-1 技术参数

激光波长	1064nm	工作台运动速度	≥120mm/s
激光模式	低阶模	工作台行程	320mm×320mm
激光最大输出功率	≥50W	切割厚度	≤1.2mm
激光调制频率	200Hz～50kHz	划片线宽	≤0.05mm
冷却方式	循环水冷	使用电源	3Φ/380V/50Hz/5kW

3. 系统结构组成

GSC 系列激光划片机由操作面板、电控柜、激光器、工件操作平台、恒温水冷机、负压吸尘风机、脚踏装置等部件组成。

GSC 系统结构如图 2-1 所示。

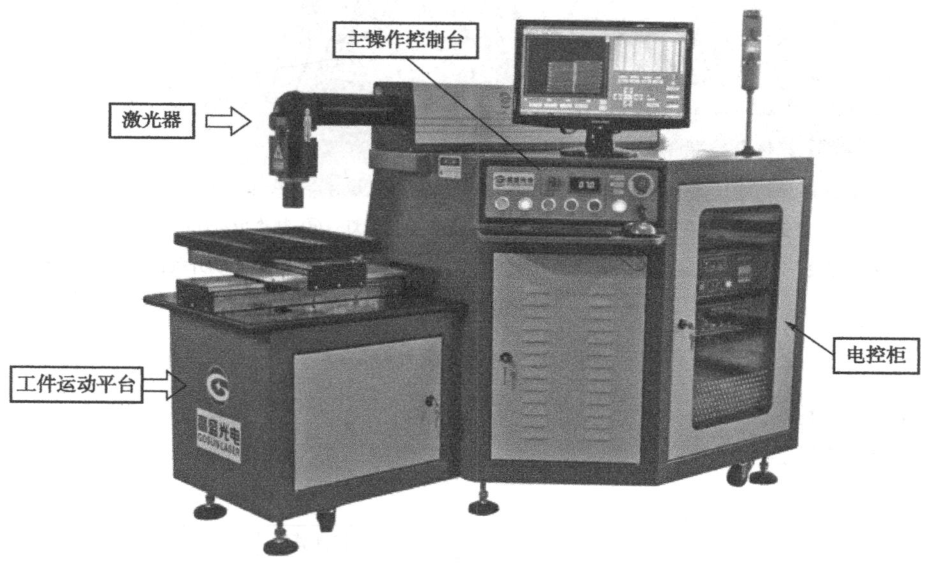

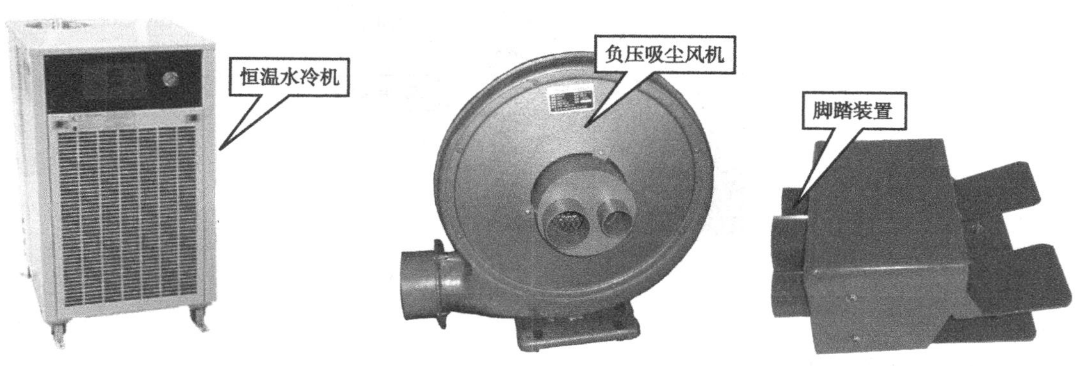

图 2-1 GSC 激光划片机的系统组成

（1）主操作控制台

主操作控制台如图 2-2 所示。

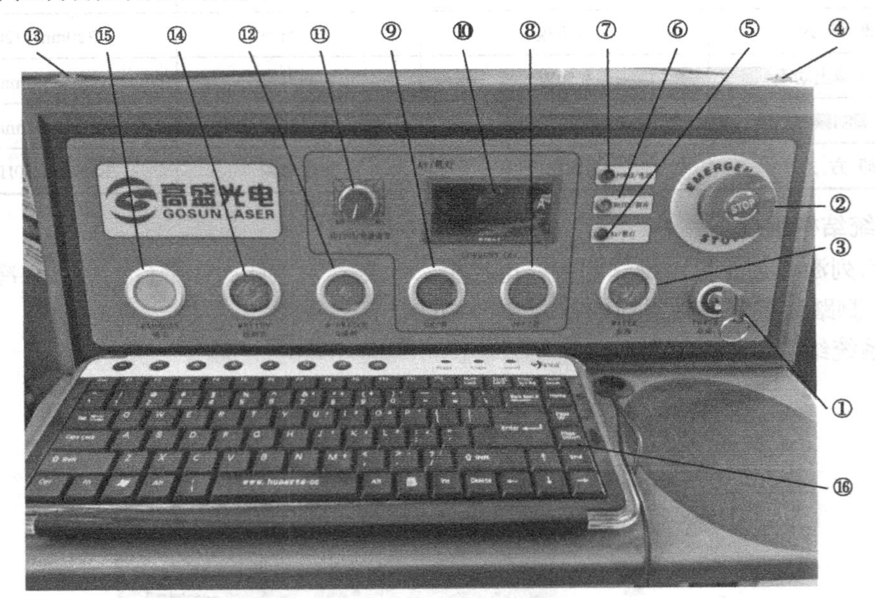

① 钥匙开关；② 急停开关；③ 水冷开关；④ 指示光开关；⑤ 氪灯指示灯；⑥ 制冷指示灯；⑦ 总电源开关指示灯；⑧ 氪灯关闭开关；⑨ 氪灯触发开关；⑩ 氪灯电流表；⑪ 氪灯电流调节；⑫ Q 调制开关；⑬ 运动按键；⑭ 工作台开关；⑮ 吸尘风机开关；⑯ 键盘与鼠标

图 2-2　主操作控制台

（2）电源控制柜

电源控制柜如图 2-3 所示。

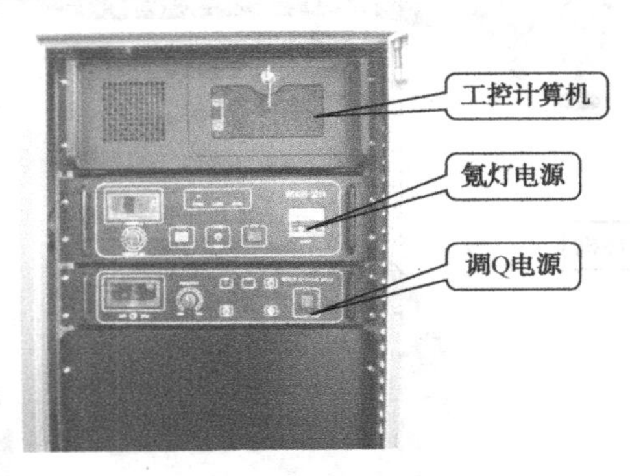

图 2-3　电源控制柜

（3）激光器

激光器外形如图 2-4 所示。

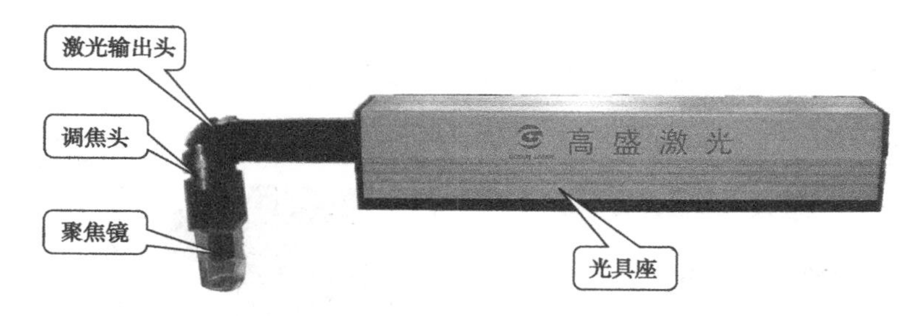

图 2-4　激光器外形图

（4）工件运动平台

工作运动平台如图 2-5 所示。

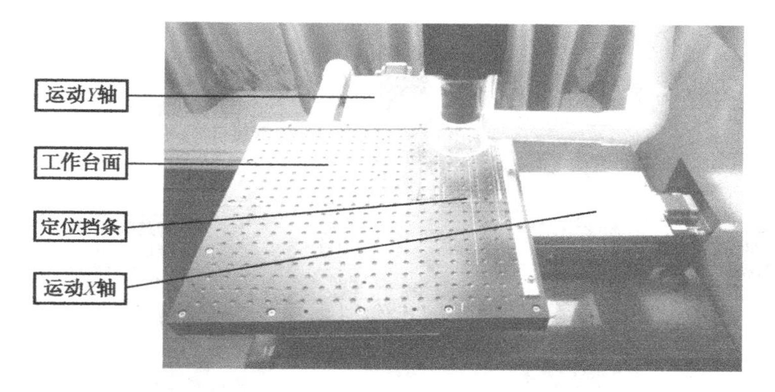

图 2-5　工件运动平台

（5）恒温水冷机

恒温水冷机正面和其与激光器的连接图如图 2-6 所示。

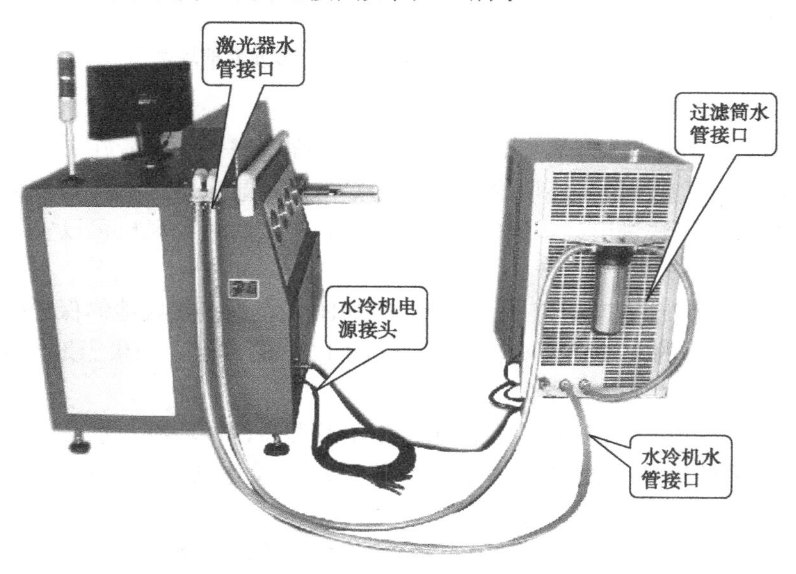

图 2-6　恒温水冷机正面和其与激光器的连接图

（6）负压风机与脚踏装置

负压风机、脚踏装置及其与激光器的连接如图 2-7 所示。

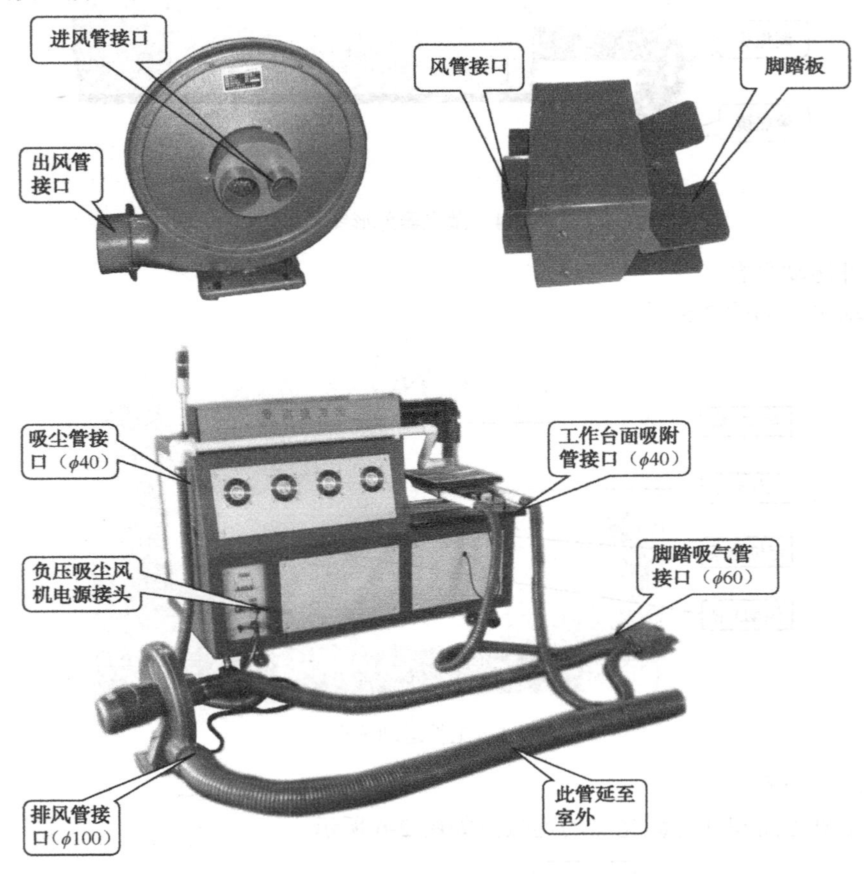

图 2-7　负压风机、脚踏装置及其与激光器的连接图

4. 场地与配套实施要求

（1）地面整洁，不易起灰尘，远离振动源，远离强电磁干扰。最好有相对独立的封闭房间，洁净少尘有空调。室内保持环境温度 15～30℃，相对湿度<85%（不凝露）。进出门尺寸大于 1.1m（否则设备无法进出）。最好有一面外墙，必要时离心风机可以安装在室外（以便隔离噪声）。

（2）电源。电源容量≥5kW，三相五线 380V/50Hz，有直接接大地的保护端子，要安装漏电保护开关，相应规格的空气开关安装在离地面约 1.2m 的高度。如果当地电压不稳或偏低，必要时还需配备相应规格的稳压电源。

（3）水源。水质好坏直接影响设备的正常使用及寿命，循环冷却水必须使用纯净水，如果有条件可以使用洁净度更高的去离子水或蒸馏水。操作前首先要预备符合要求的水约 18.9L。

（4）气源。设备标配有负压吸附系统和抽气除尘系统，其离心风机可以装在室内也可以装在室外以隔离噪声，但安装在室外时要采取相应措施来防止风机被雨水淋湿。

2.1.2　激光切割设备的操作

开机过程主要在主操作控制台上完成，一般开机顺序的原则是："从右至左"。

1. 开机流程

（1）确认面板上各开关处于关闭位置。

注：紧急制动按钮（图 2-2 中的②），需顺时针旋转一下弹起。

（2）开启总电源空气开关。

注：总电源空气开关位于机器后部下方。

（3）开启钥匙开关（图 2-2 中的①）。

注：开启钥匙开关后面板上方"POWER/电源"指示灯亮，同时报警指示灯红灯闪亮。

（4）打开水冷开关（图 2-2 中的③）。

注：持续按下"WATER/水冷"开关 5s 后制冷水箱启动，大约 10s 后面板上"WATER/制冷"指示灯（图 2-2 中的⑥）亮，此时方可松开按钮。在此过程中还需要检查制冷水箱启动后水循环是否正常，水管有无弯折现象；制冷水箱面板是否显示正常，有无报警显示和蜂鸣声。

（5）持续按下氪灯触发开关（图 2-2 中的⑨）"ON/开"，约 5s 后氪灯自动点亮，图 2-2 中的氪灯指示灯亮。

注：按下之前需要确认。

① 图 2-2 中的⑩"CURRENT/电流"显示为 7.0A 左右；

② 图 2-2 中的⑪"ADJUST/电流调节"旋钮逆时针旋转至最小；

③ 图 2-3 中的氪灯电源控制部分"OUTER/INNER 内外控"开关拨至"OUTER"处。

（6）打开面板上 Q 调制开关（图 2-2 中的⑫）。

注：打开 Q 调制开关之前需要确认图 2-3 中控制柜中声光电源。

① 开关处于开启位置；

②"TEST/RUN"拨至"RUN"处；

③"M1/M2/M3"拨至"M1"处；

④"OUTER/INNER"拨至"INNER"处；

⑤"LOW/HIGH"拨至"HIGH"处。

（7）开启计算机，打开桌面上的激光划片软件。

（8）按下"MOTION/运动台"按钮开关（图 2-2 中的⑭）。

（9）单击激光划片软件中的"回机械原点"对话框的"确认"按钮，使二维运动台回到机械原点。

（10）按下"EXHAUST/吸尘"按钮开关（图 2-2 中的⑮），启动吸尘风机。

2. 划片操作

（1）设备开启后，踩住脚踏开关踏板，以定位挡边条为基准将电池片放置于工作平台上，松开脚踏板，电池片即会吸附于工作平台面上。

（2）在激光划片软件中调出划片程序或者自行设计新的运行程序（后面会介绍具体设置），然后单击"运行"按钮，工作台即开始运动，进行激光加工。

注：使设备运行可以用以下三种方法进行。

① 按主控台上的运行按键；

② 鼠标单击软件界面上的“运行”按钮；

③ 单击键盘上的快捷按键——F5。

（3）划片完毕后，工作台退回预先设定的停靠位置，踩住脚踏开关踏板，拿出已加工好的电池片。

（4）重复以上过程可进行批量加工。

注： 在工作时如发现设备有异常状况应立即按下急停开关！

3. 恒温水冷机操作

（1）恒温水冷机的工作原理如图 2-8 所示。

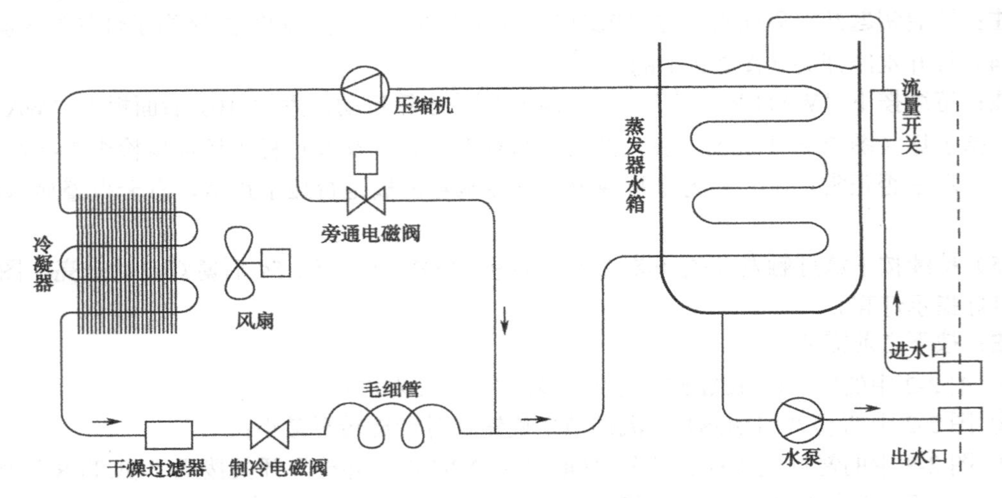

图 2-8　恒温水冷机的工作原理图

（2）恒温水冷机的操作面板如图 2-9 所示。

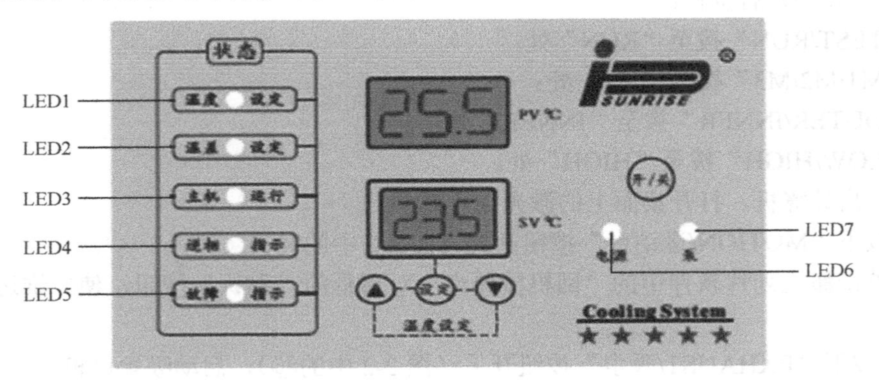

图 2-9　恒温水冷机的操作面板图

● 面板说明

LED1：温度设定（绿色）　　LED2：温差设定（绿色）

LED3：主机运行（绿色）　　LED4：逆相指示（红色）

LED5：报警及故障指示（红色）　　LED6：电源指示（绿色）

LED7：水泵运行（绿色）　　SV：温度设定值显示窗

PV：水箱水温和代码显示窗

● 按键说明

(▲)上升键（按一次向上递增一次，长按可连续递增）；

(设定)设置键；

(▼)下降键（按一次向下递减一次，长按可连续递减）；

(开/关)电源开关键。

注：每按一次按键，主板上的蜂鸣器会响一声。

4．软件操作

（1）界面说明

① 双击“高盛激光划片机”图标启动程序。显示启动界面，如图 2-10 所示，程序进入初始化操作。

图 2-10　启动界面

② 初始化完毕后出现“机械回零”操作提示：单击“确定”按钮使工作台进行回零复位运动，如图 2-11 所示。

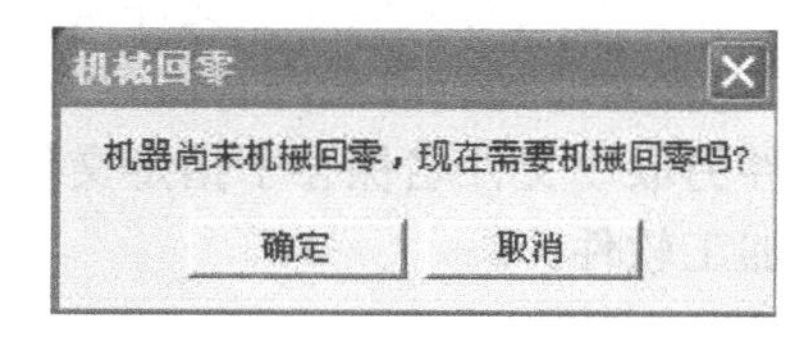

图 2-11　机械回零

③ 主界面说明，如图 2-12 所示。

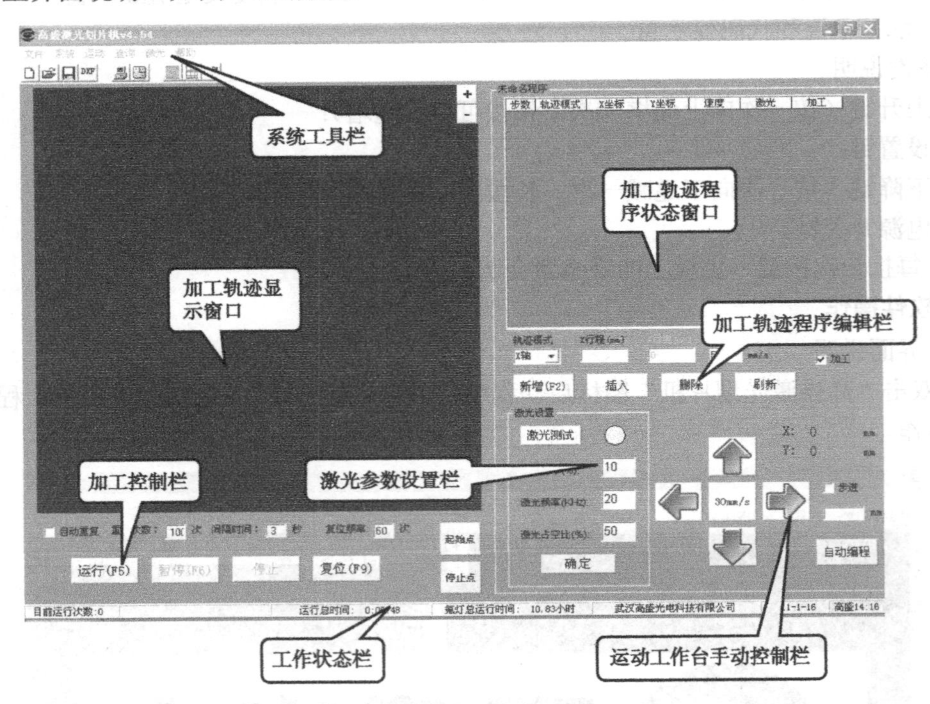

图 2-12　主界面说明

（2）系统工具栏

“文件”菜单如图 2-13 所示。

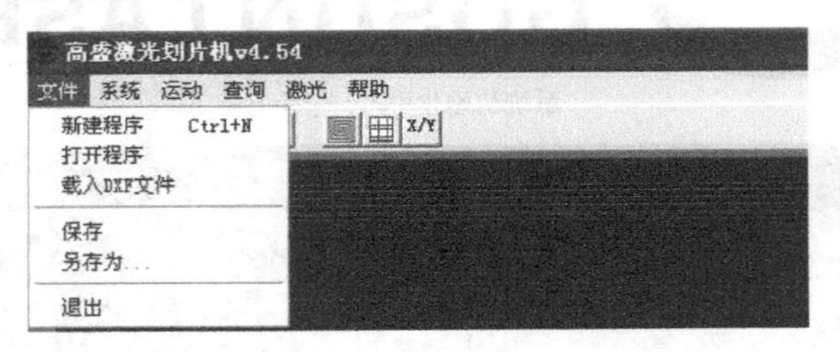

图 2-13　“文件”菜单

“新建程序”——单击“新建程序”，将出现全新空白的系统界面。如果当前界面上已有文件或图形存在，则在单击“新建程序”时，系统会提示是否保存现有文件。

“打开程序”——用于打开已有加工文件。所有加工文件可以直接执行输出。

“载入 DXF 文件”——可将 DXF 格式的矢量图形文件调入软件。

“保存”——单击“保存”，现有文件的当前状况将保存于指定文件夹内。

“另存为”——可将现有文件另取一文件名保存于指定文件夹内。

“退出”——可退出此激光加工软件。

“系统”菜单如图 2-14 所示。

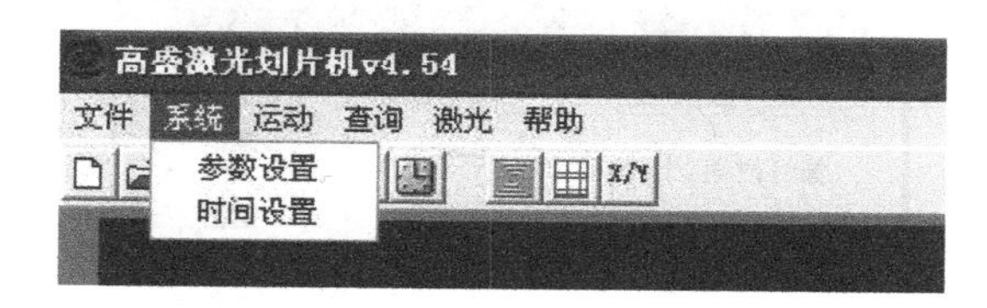

图 2-14　“系统”菜单

“参数登录”如图 2-15 所示。系统初始密码为“123456”。

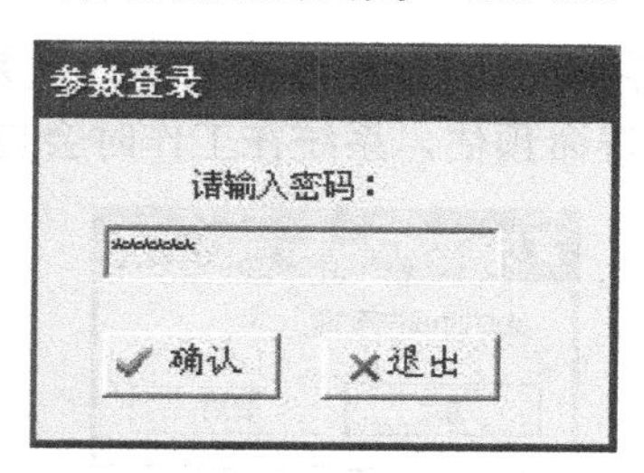

图 2-15　参数登录系统初始密码为“123456”

系统设置如图 2-16 所示。

系统设置

驱动轴参数

X轴电机细分数：10000 脉冲/圈

Y轴电机细分数：10000 脉冲/圈

X轴丝杆导程：5 mm

Y轴丝杆导程：5 mm

X轴行程范围：310 mm

Y轴行程范围：310 mm

运动参数

起始速度：10 mm/秒

空移速度：35 mm/秒

最大划片速度：400 mm/秒

复位低速：10 mm/秒

复位高速：30 mm/秒

变速时间：0.2 秒

允许最大步数：5000 步

激光电源

数字激光电源　光纤激光电源

启动休眠　延时启动 5 秒

单次完成后

返回停止位置　自动复位1次

保存　修改密码　退出

图 2-16　系统设置

“驱动轴参数”——设置 *X*/*Y* 运动轴的系统参数配置。

“激光电源”——根据设备不同的激光器配置选项。

“运动参数”——设置 *X*/*Y* 运动轴的运动参数配置。

“单次完成后”　——每次操作完成后，工作平台会回到的位置。

“修改密码”——如需修改进入密码，请务必妥善保管，如遗失则不能进入设置界面。

注：系统设置参数一般出厂时会将备份文件与软件安装文件存放于同一文件夹，如有需要可恢复出厂设置。

时间设置如图 2-17 所示。

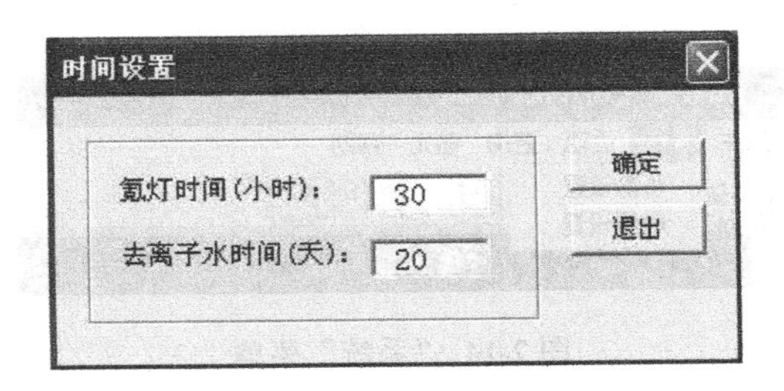

图 2-17　时间设置

该设置为易损件使用提示时间设置，如图 2-18 所示，灯泵设备与半导体侧泵设备有效。它可提前将氪灯和冷却水的使用寿命预估，系统在工作时会自动计时。

图 2-18　提示

当到达设置时间时，软件会出现需要更换氪灯或冷却水提示，以提醒用户及时更换。当单击提示上的“关闭”图标时，提示会消失，软件默认用户已经了解并更换相关零件；同时，软件此项计时自动清零，下一次计时重新开始。

“运动”菜单如图 2-19 所示。

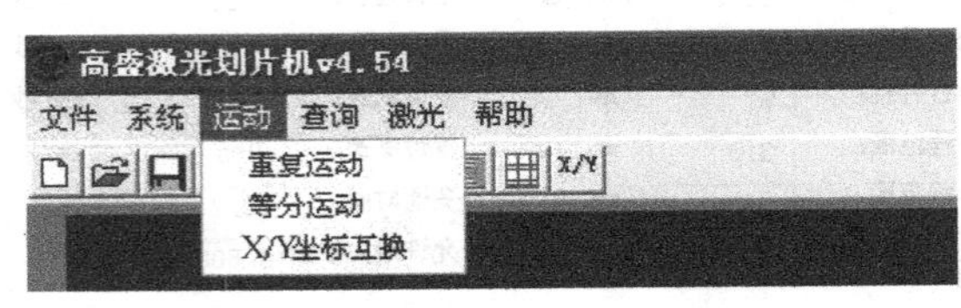

图 2-19　“运动”菜单

重复运动设置如图 2-20 所示。

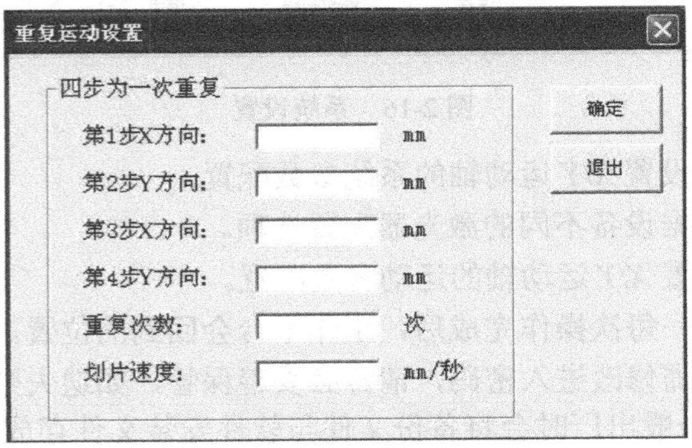

图 2-20　重复运动设置

快捷编制加工程序的一种方法。当需要编制一个重复次数较多的加工程序时可采用此方式。每四步为一次重复，单击“确定”按钮后程序自动生成，并显示在主界面上。

等分运动的设置如图 2-21 所示。

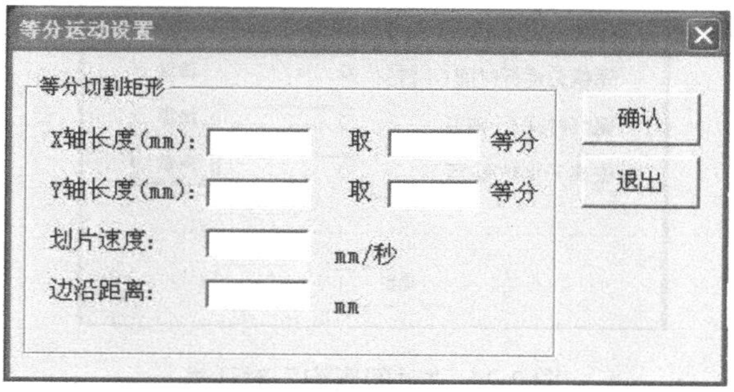

图 2-21　等分运动的设置

等分运动是快捷编制加工程序的一种方法。当要均匀地切割材料的程序时可采用此方式。并且在加工时，为了不损伤加工材料边缘，单独增加一个“边缘距离”参数设置，设置此参数后，自动生成程序会在加工边缘时每边增加相应的距离。单击“确认”按钮后程序自动生成，并显示在主界面上。

“X/Y”坐标互换——此功能可将工作台 X 轴与 Y 轴运动状态互换。

“查询”菜单如图 2-22 所示。

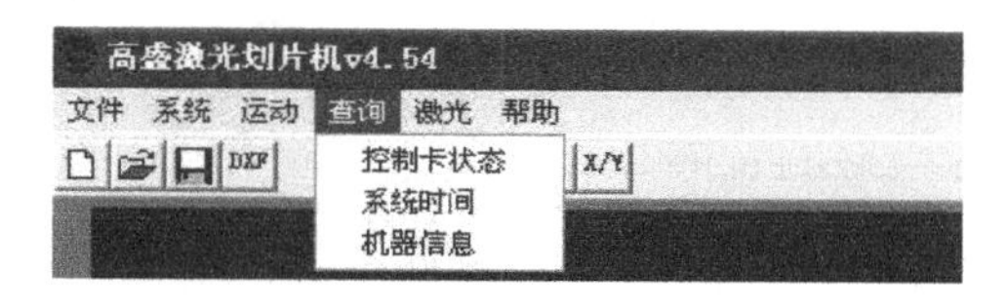

图 2-22　“查询”菜单

“控制卡状态”对话框如图 2-23 所示。

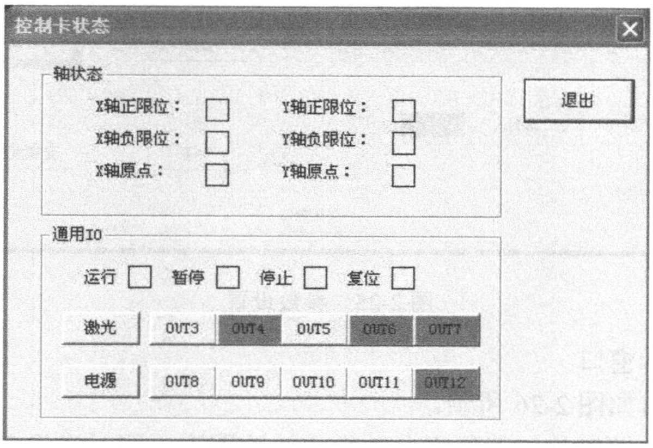

图 2-23　“控制卡状态”对话框

可了解控制卡各接口状态，当有色标显示时为有效接收或输出。

“时间查询”对话框如图 2-24 所示。

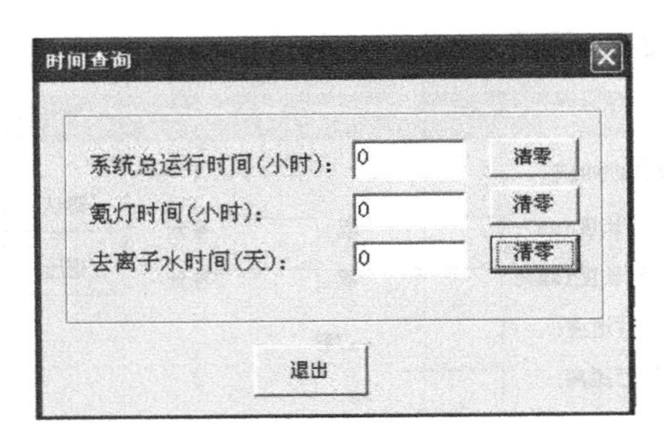

图 2-24 “时间查询”对话框

可了解系统运动时间状态，清零后可重新计时。

“机器信息”可了解设备出厂的基本配置情况。

“激光”功能仅在系统“参数设置”栏中“激光电源”选项为“数字激光电源”时有效。该功能用于打开数字激光电源控制参数界面。使用数字式激光电源配置的设备可通过此软件来设置氪灯的工作电流和 Q 驱动器的调整频率等参数，如图 2-25 所示。

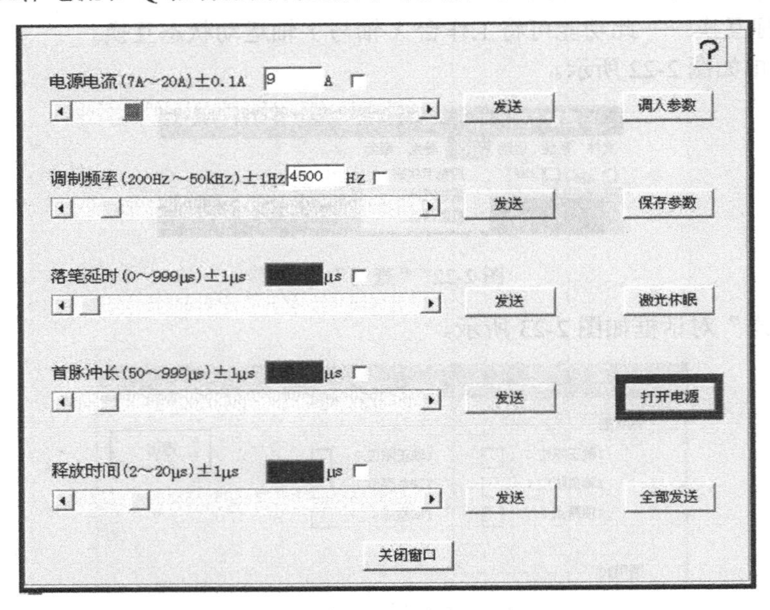

图 2-25 参数设置

（3）加工轨迹显示窗口

加工轨迹显示窗口如图 2-26 所示。

该窗口可根据软件编辑的加工程序自动生成轨迹图形。同时当设备运动时可实时动态模拟显示运动过程，如上图中当运动台工作时光标会同步运动并显示已运动轨迹。红色部分为已运动轨迹。

- 通过该窗口右上方的“+/−”可放大和缩小轨迹图形。
- 将鼠标单击并按住时窗口可拖动。
- 轨迹图形上的数字标号与“加工轨迹程序”标号对应。

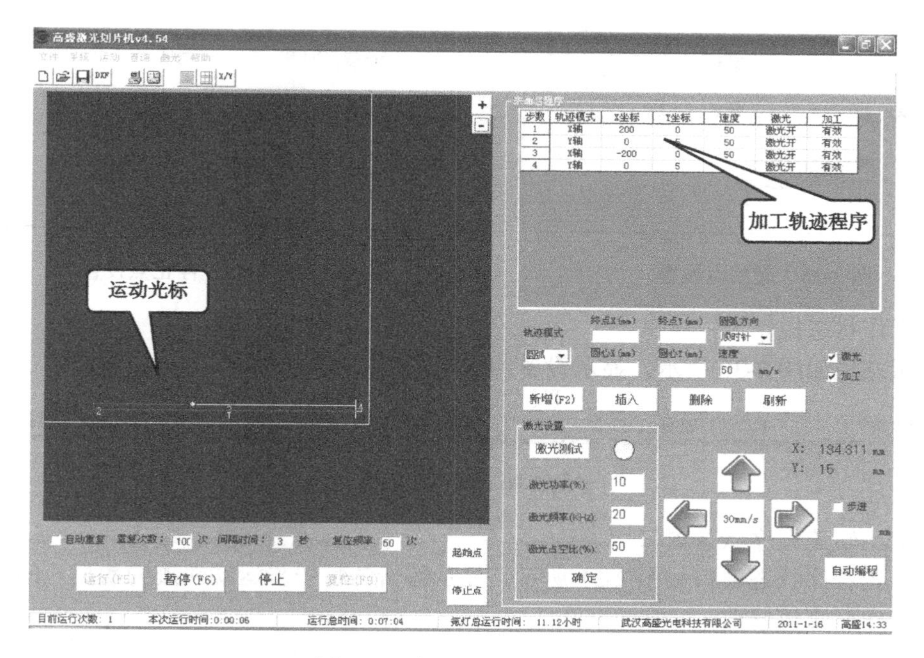

图 2-26 加工轨迹显示窗口

（4）加工控制栏

加工控制栏如图 2-27 所示。

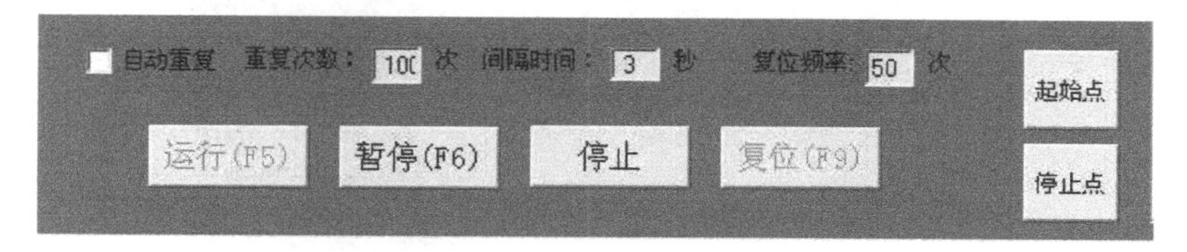

图 2-27 加工控制栏

“自动重复”——可实现设备工作一次完毕后自动重复工作。同时可设定“重复次数”和停顿“间隔时间”。

“复位频率”——可设定设备每工作一定次数后自动复位一次。

“运行”——控制设备按编辑好的程序轨迹工作。

“暂停”——控制设备在工作过程中停顿。（需将当前单步轨迹运动完成）

“停止”——控制设备在工作过程中停止，回到停止点。

“复位”——控制设备进行回原点操作。

“起始点”——设置设备工作时起始位置的 *X* 和 *Y* 数据（相对于坐标原点），如图 2-28 所示。

“停止点”——设置设备工作完毕后停止位置的 *X* 和 *Y* 数据（相对于坐标原点），如图 2-29 所示。

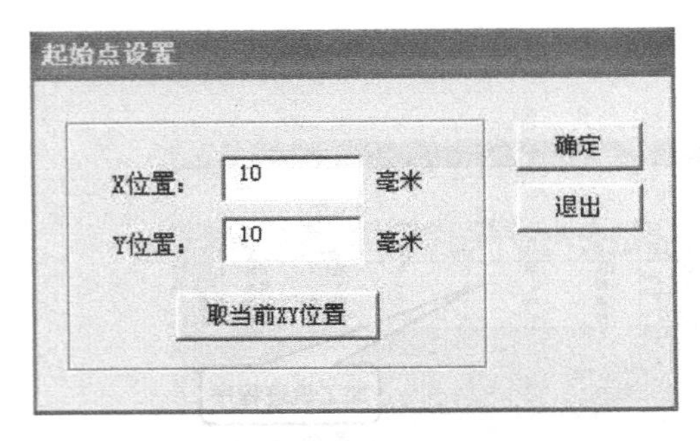

图 2-28　起始点设置

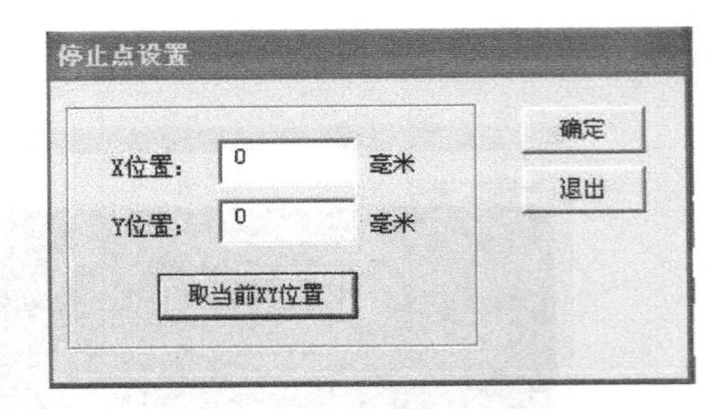

图 2-29　停止点设置

（5）工作状态栏

工作状态栏如图 2-30 所示。显示设备当前运行时的各项时间数据等状态。

目前运行次数：1	本次运行时间:0:00:06	运行总时间：0:07:04	氪灯总运行时间：11.12小时

图 2-30　工作状态栏

（6）加工轨迹程序状态窗口

加工轨迹程序状态窗口如图 2-31 所示。显示编辑的每一步运动轨迹的数据，同时需要修改时双击选中后直接修改。

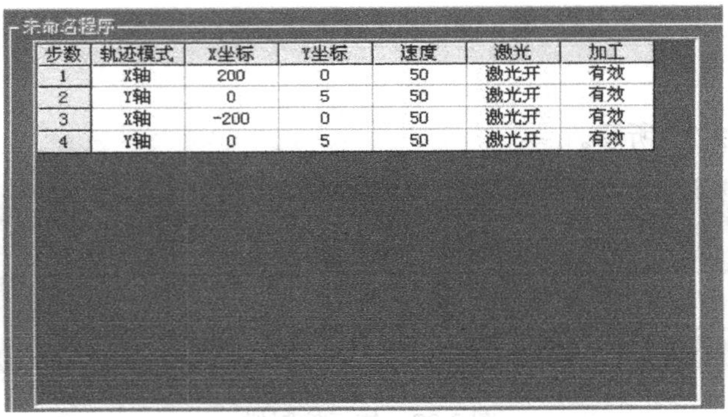

未命名程序

步数	轨迹模式	X坐标	Y坐标	速度	激光	加工
1	X轴	200	0	50	激光开	有效
2	Y轴	0	5	50	激光开	有效
3	X轴	-200	0	50	激光开	有效
4	Y轴	0	5	50	激光开	有效

图 2-31　加工轨迹程序状态窗口

“步数”——当前运动轨迹的编号（与加工轨迹显示编号对应）。

“轨迹模式”——当前运动轨迹的运动轴或运动模式（有斜线和圆弧等）。

“*X* 坐标”——当前运动轨迹在 *X* 方向上的运动距离。

“*Y* 坐标”——当前运动轨迹在 *Y* 方向上的运动距离。

“速度”——当前运动轨迹的运行速度。

“激光”——当前运动轨迹在运动时是否需要输出激光。

“加工”——当前运动轨迹在运动时是否需要运行，如选中“无效”则跳过此步。

上图所编辑的轨迹运动描述：

第一步开始 *X* 轴先运动 200mm；第二步 *Y* 轴运动 5mm；第三步 *X* 轴反向运动 200mm；第四步 *Y* 轴运动 5mm。当前运动轨迹速度均为 50mm/s，激光在运行时同步输出。

（7）加工轨迹程序编辑栏（见图 2-32）

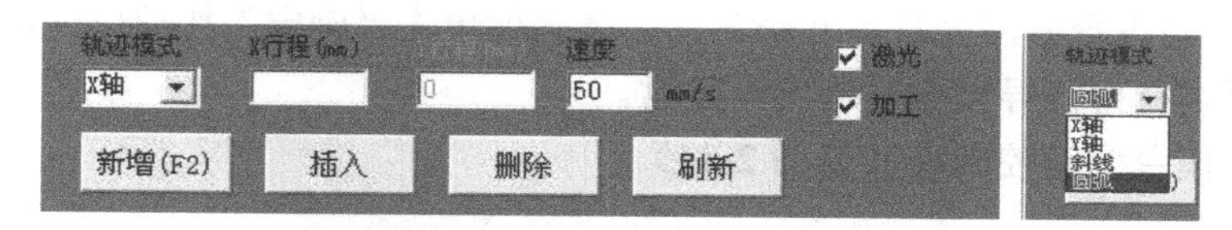

图 2-32 加工轨迹程序编辑栏

可直接编制所需加工的轨迹数据。并可根据需要，对编辑好的数据进行修改和再编辑。

“轨迹模式”——可通过单击三角箭头下拉后选择当前运动轨迹的运动轴或运动模式（有斜线和圆弧等）。

“X 行程”——设置当前运动轨迹在 X 方向上的运动距离。

“Y 行程”——设置当前运动轨迹在 Y 方向上的运动距离。

“速度”——设置当前运动轨迹的运行速度。

注： 当需修改所有运动轨迹速度时，可在“加工轨迹程序状态窗口”中双击选中“速度”后直接在此栏内编辑新的数据即可。

“激光”——选择当前运动轨迹是否输出激光。

“加工”——选择当前运动轨迹是否有效。

“新增”——设置好上述参数后，单击即可确认此步，同时会显示在“加工轨迹程序状态窗口”中。每编辑一步均需单击“新增”按钮以确认。

“插入”——在“加工轨迹程序状态窗口”中选中某步后，编辑上述参数后单击即可在当前轨迹中插入所编辑的步骤。

“删除”——在“加工轨迹程序状态窗口”中选中某步后，单击可在当前轨迹中删除此步。

“刷新”——点击后软件界面刷新一次。

（8）激光参数设置（见图 2-33）

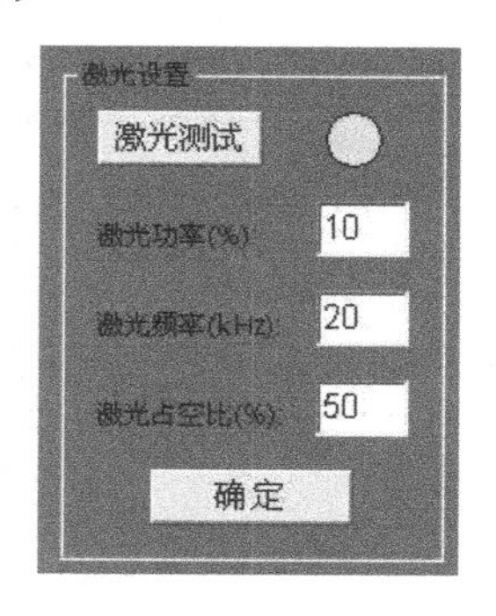

图 2-33 激光参数设置

“激光测试”——单击时系统输出激光同时右侧圆内红色闪烁以提示当前激光输出，松开时激光停止。

注： 以下功能仅在系统“参数设置”栏中“激光电源”选项为“光纤激光电源”时有效。

“激光功率”——可设置设备加工时光纤激光器的激光输出功率百分比（0～100%）。

“激光频率”——可设置设备加工时光纤激光器的激光输出频率（20～100kHz）。

“激光占空比”——用于设置设备光纤激光器的激光输出控制信号的占空比频率（此项设

置系统默认为50%，不用更改）。

“确定”——当设置好激光功率和频率后，请确保单击“确定”按钮以使激光器接收到所设置的信号，否则有可能导致激光输出不正常。

（9）运动工作台手动控制栏（见图2-34）

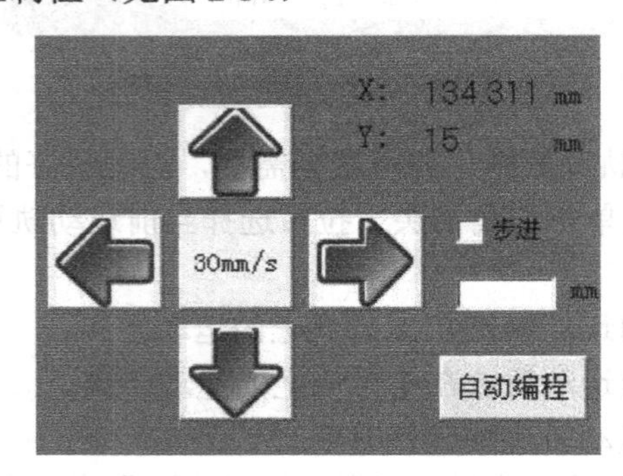

图2-34 运动工作台手动控制栏

“⇦ ⇨ ⇧ ⇩”——单击箭头可使运动台按相应方向运动。单击中间方块可实现运动速度（30/50/80/100/120mm/s）切换。

“*X*/*Y*”——显示当前运动台与工作原点的*X*轴和*Y*轴的距离。

“步进”——当选中此项时，同时设置下方数据，可实现单击一下箭头后按预定的距离运动一次；如不选择则单击时运动台移动，松开时运动台停止。

“自动编程”——一种针对有规律的加工数据编辑的快捷方式，如图2-35所示。可根据材料的尺寸和加工要求直接填入数据，单击“保存”按钮后程序自动生成。

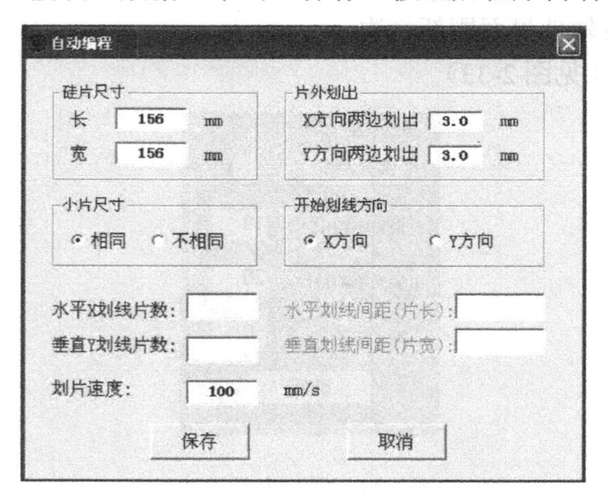

图2-35 “自动编程”对话框

（10）本软件支持键盘部分快捷键功能

F2——新增；F5——运行；F6——暂停；F9——复位；空格键——停止。

（11）示例：圆弧编程（见图2-36）

当需要编制如图2-36所示的圆弧运动轨迹时：

第一步，在轨迹模式中选中*X*轴，编辑数据100mm。

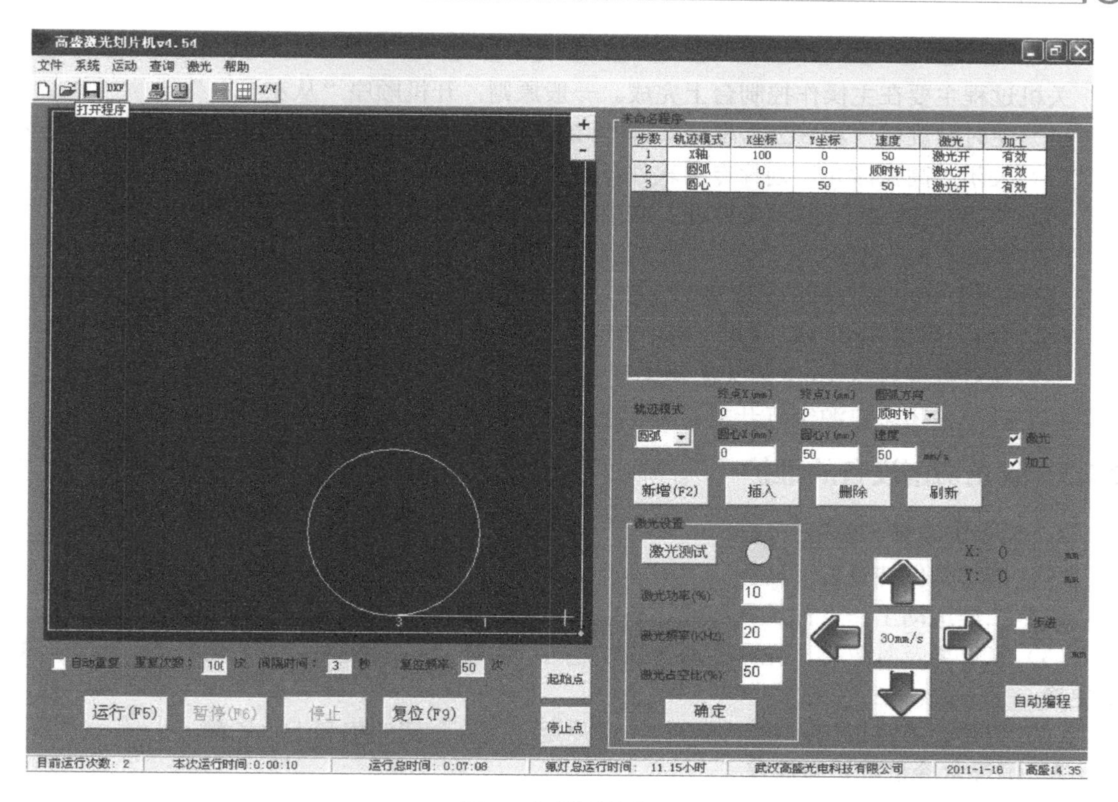

图 2-36 圆弧编程

第二步，在轨迹模式中选中圆弧。

“加工轨迹编辑栏”会变为如图 2-37 所示。

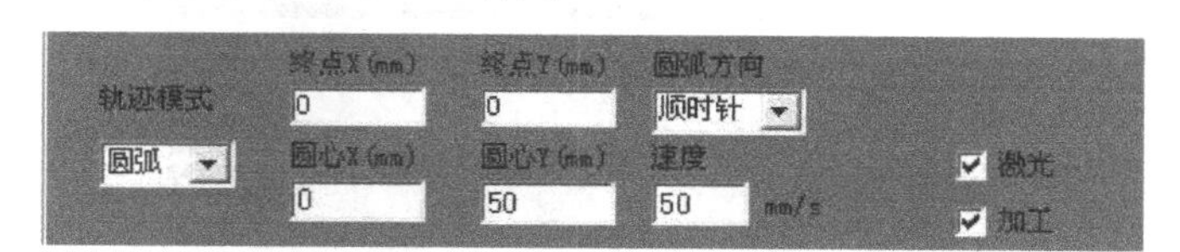

图 2-37 加工轨迹编辑栏

本软件圆弧编制为三点确定方式：1 起点；2 终点；3 圆心。

- 起点为默认当前位置。
- 因需编辑的轨迹为完整的圆，终点的位置与起点重合，*X* 方向和 *Y* 方向均未发生变化，故数据均为“0”。
- 该圆的半径为 50mm，圆心位于当前点 *Y* 方向距离 50mm 位置，*X* 方向无变化。故圆心 *X* 数据为“0”，*Y* 数据为“50”。
- 该圆弧运动方向选择“顺时针”。
- 速度设置为 50mm/s。

图 2-36 中该程序轨迹运动描述：

运动台先在 *X* 方向运动 100mm 后，顺时针运动半径为 50mm 的完整圆。运动速度为 50mm/s，运动时激光同步输出。

5. 关机流程

关机过程主要在主操作控制台上完成。一般原则：开机顺序“从左至右”

（1）逆时针旋转“ADJUST/电流”（图 2-2 中的⑪）调节旋钮至最小；

（2）关闭“高盛激光”划片专用软件，关闭计算机；

（3）关闭“EXHAUST/吸尘”（图 2-2 中的⑮）按钮开关，按钮灯灭；

（4）关闭“MOTION/运动台”（图 2-2 中的⑭）按钮开关，按钮灯灭；

（5）关闭“Q-SWITCH/Q 调制”（图 2-2 中的⑫）按钮开关，按钮灯灭；

（6）关闭氪灯“OFF/关”（图 2-2 中的⑧）按钮开关，氪灯熄灭；

（7）氪灯熄灭等待 1min 后关闭钥匙开关（图 2-2 中的①）；

（8）拉下关闭总电源空气开关。

2.1.3 激光切割设备的维护

1. 设备的维护和保养

（1）请时刻保持设备清洁；

（2）二维运动工作台的丝杆和导轨要定期添加润滑油脂（6 个月一次）；

（3）氪灯要及时更换，尤其当氪灯工作超过 1000h 后，请随时注意氪灯电流，达到 18A 请更换；

（4）聚焦镜下窗口镜片要定期擦试，请使用专用光学清洁棉和无水乙醇。

2. 恒温水冷机维护和保养

（1）激光冷水机中的水要定期换水并清洗，一周一次。恒温水冷机的排水阀门如图 2-38 所示。

图 2-38 恒温水冷机的排水阀门

注：水质的清洁将会直接影响设备的正常使用及寿命。

（2）过滤芯定期更换，3 个月一次（更换滤芯时请使用过滤筒专用扳手，如图 2-39 所示）。

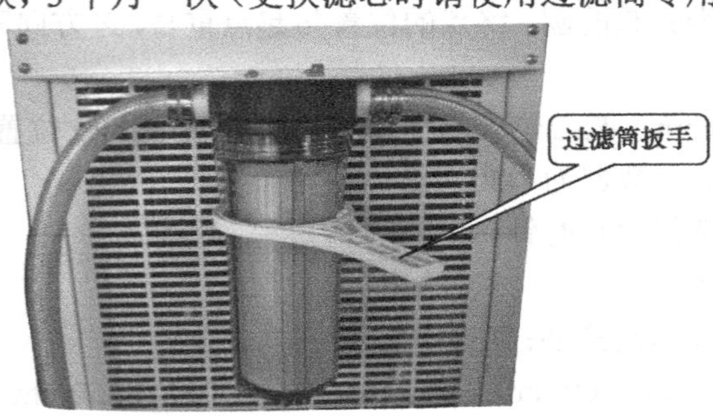

图 2-39 过滤桶专用扳手

（3）及时清除激光冷水机隔尘网上的灰尘，1 个月一次，固定卡的位置如图 2-40 中所示。卸下方法：同时向内按住固定卡即可取下外罩，拿出隔尘网。

图 2-40　固定卡的位置

3. 负压风机和吸尘管路维护和保养

定期清理负压风机和吸尘管路内部灰尘，3 个月一次。

2.2　电池片分选测试仪

由于电池片制作条件的随机性，生产出来的电池性能不尽相同，即使是由同一块边长为 156cm 的多晶硅电池 4 等分切割下来的每块电池性能也不完全相同，为了有效地将性能一致或者接近的电池串联或者并联在一起，发挥电池最大的效率，应该根据其性能参数进行分类。这些性能参数主要是指电池片的电压、电流和功率等。太阳能电池单体分选机是专门用于太阳能单晶硅和多晶硅电池片的分选筛选。通过模拟太阳光谱光源，对电池片的相关电参数进行测量，根据测量结果将电池片进行分类。

2.2.1　单体电池分选测试仪设备介绍

1. 主要功能

（1）可测量（显示）参数。

I-V 曲线，P-V 曲线，短路电流 I_{sc}，开路电压 V_{oc}，峰值功率 P_m，最大功率点电压 V_m，最大功率点电流 I_m，填充因子 FF，电池效率 η，测试温度 T，串联电阻 R_s，并联电阻 R_{sh}，逆电流 I_r。同时还可以通过鼠标显示曲线上任意点对应的电流、电压和功率参数。

（2）专业开发的线性扫描电子负载在保证测量结果准确的同时，还能保证整个测量范围内的测量线性误差在±2%以内。

（3）软件设计简洁实用，校标时只需校正相关系数即可。

（4）光源采用目前国际流行的脉冲氙灯模拟器光源，用抛物面反射装置实现高均匀度的模拟太阳光，从而避免了因稳态阳光模拟器带来的温度对测试结果的影响。

（5）进口脉冲氙灯，确保测试光源的光谱正确，使用寿命长。

（6）语音报数功能，根据需要用语言报出相关测量参数，便于提高测量功效和降低破损率。

（7）单体电池测量采用四线连接，确保测量准确。

（8）每次测试时间间隔小于 3s，测量迅速。

（9）人机互动界面，操作更人性化。

2. 主要测试指标

- 最大可测单体电池尺寸：200mm×200mm。
- 光源：高能脉冲氙灯。
- 光强可调范围：70～120W/cm^2。
- 光管寿命：≥100,000 次。
- 光均匀度：±3%。
- 测量范围和精度：电压 0～0.8V ±0.1%；
电流 0～2A ±0.1%；
0～20A ±0.1%。
- 测量误差：≤2%。
- 重复测量误差：±1%。
- 标准系统配置：测试机+PC 机+专用测试软件。
- 电源要求：220V/50Hz/2kW。
- 气源要求：气压为 5.0～8.0kg/cm^2 的压缩空气。
- 重量：120kg。
- 外形尺寸：600mm×750mm×1720mm。

3. 测试仪的环境要求

单体太阳能电池测试仪场地要求大于 3m×5m；高大于 2.5m 的专用测试室；房间照度小于 100Lux；房间内应安装冷暖空调，使室内气温稳定在 25℃左右；电源配备 220V/50Hz/2kW，且连接方便，特别注意须有保证设备能可靠接地的接地装置；须有足够面积的与测试室相通的待测电池暂存间，以保证待测电池测试时与测试室温基本相同。

测试室内须配备压缩空气气源接口，气源的气压须稳定在 5.0～8.0kg/cm^2。

2.2.2 单体电池分选测试仪的操作

1. 单体太阳能电池测试仪的光强调整

（1）打开测试主机电源，按下“READY”按钮，使电源处于充电状态。

（2）将计算机电源打开，运行单体太阳能电池分选测试程序，单击“数据采集及测量”下拉菜单上的“数据卡校验”按钮，进行采集卡校验，该操作用来自动设置数据采集通道的“零电压”点。

（3）单击工具栏上的电池板测量按钮，踩下脚踏开关，注意光强数据，通过单击“Up 键”和“Down 键”来调整测试主机面板上显示的氙灯电压。

（4）反复调整测试主机的氙灯电源电压，测试光强数值直至光强显示为（100±1）mW/cm^2，记录好氙灯电源电压值。

2. 单体太阳能电池测试仪的校标

（1）按待测电池的尺寸，调整电池片与测试台底板的中心位置一致，并锁定定位尺；在测片台上固定好标准电池；调整好测试电极板的位置和间距。

（2）在温度通道各数值栏填入标准电池片的电流、电压温度系数、串联电阻、曲线修正系数的数值和串、并联电池数，然后确认并退出设置。

（3）在 100mW/cm^2 的光强条件下测试标准单体电池，并根据所检测的数据与标准电池的额定数据的误差，分别对开路电压（V_{oc}）、短路电流（I_{sc}）、最大功率时电流（I_{pm}）及最大工作时电压（V_{pm}）进行校正。具体的就分别在硬件设置通道对电流、电压修正系数进行修改，直至测试结果与额定数据之间的误差在-2%～2%之间。

具体软件校验如下：

① 软件初始状态下硬件设置里，电流通道和电压通道的各个修正系数均为 1.000，分别如图 2-41 和图 2-42 所示。

② 在电流通道输入“短路电流（I_{sc}）修正目标”值和电压通道中“开路电路（V_{oc}）修正目标”值，分别单击计算修正系数按钮并单击“确定”按钮后，触发闪光一次，分别如图 2-43 和图 2-44 所示。

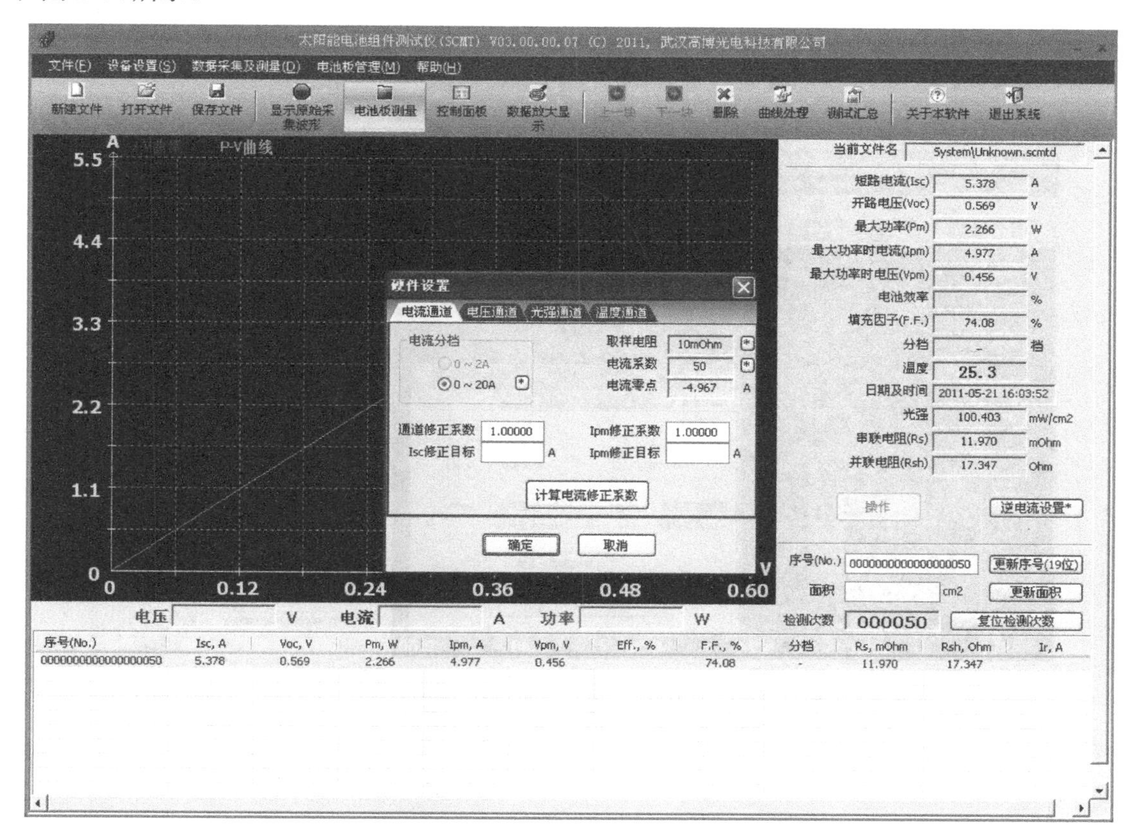

序号(No.)	Isc, A	Voc, V	Pm, W	Ipm, A	Vpm, V	Eff., %	F.F., %	分档	Rs, mOhm	Rsh, Ohm	Ir, A
0000000000000000050	5.378	0.569	2.266	4.977	0.456		74.08	-	11.970	17.347	

图 2-41　电流通道中 I_{sc}，I_{pm} 系数归一

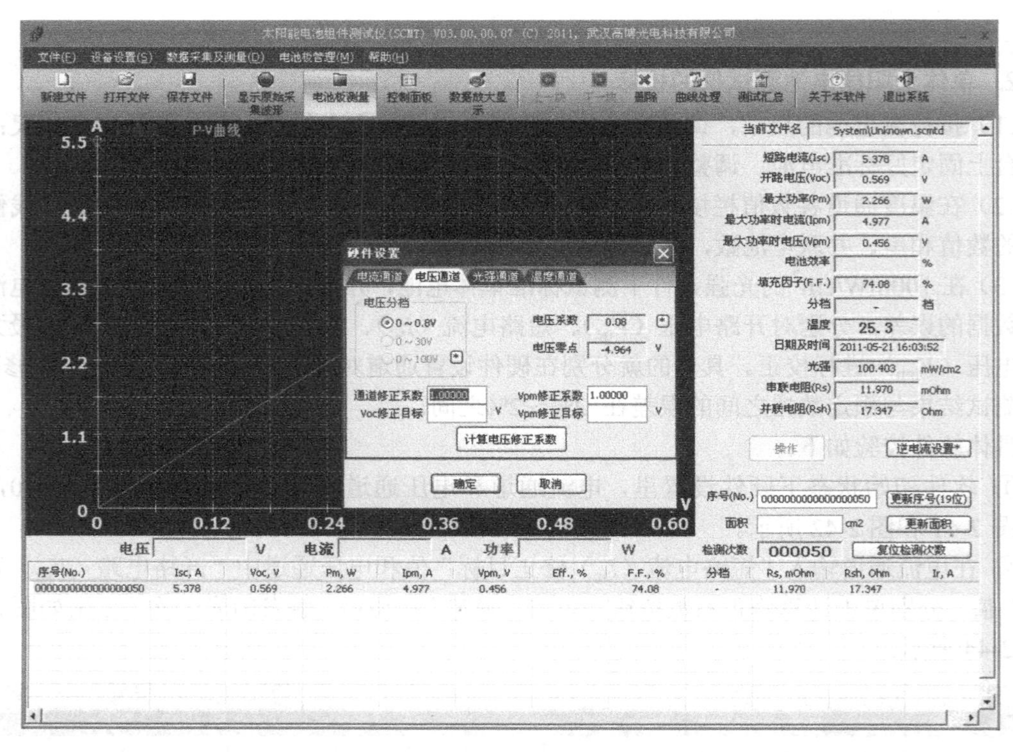

图 2-42　电压通道中 V_{oc}，V_{pm} 系数归一

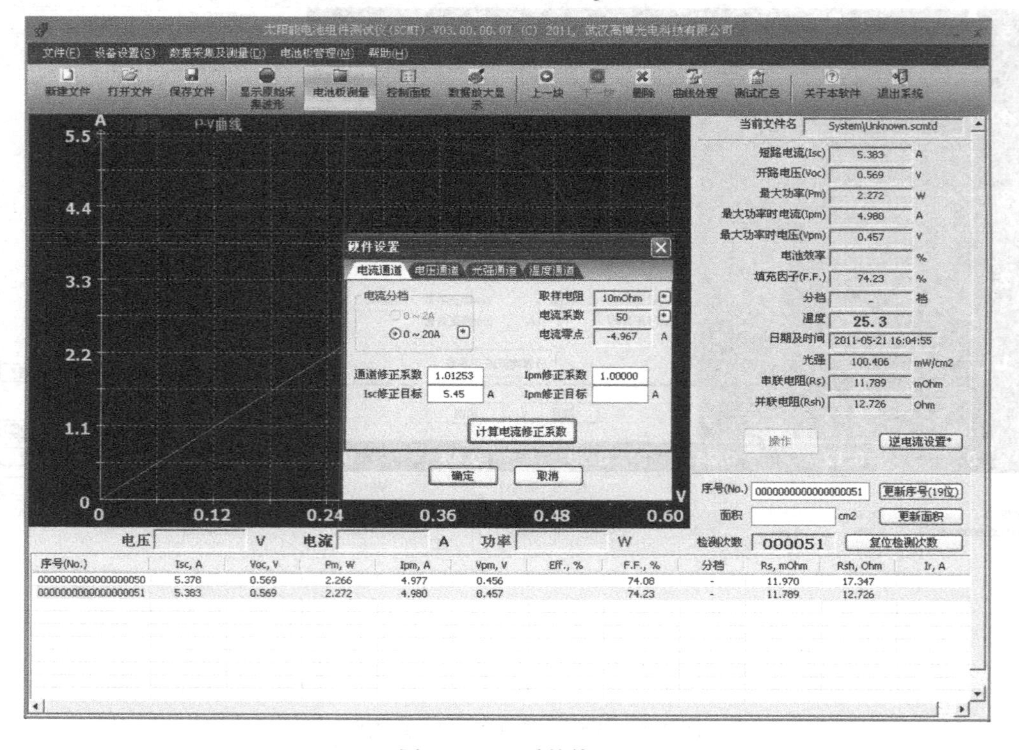

图 2-43　I_{sc} 系数修正

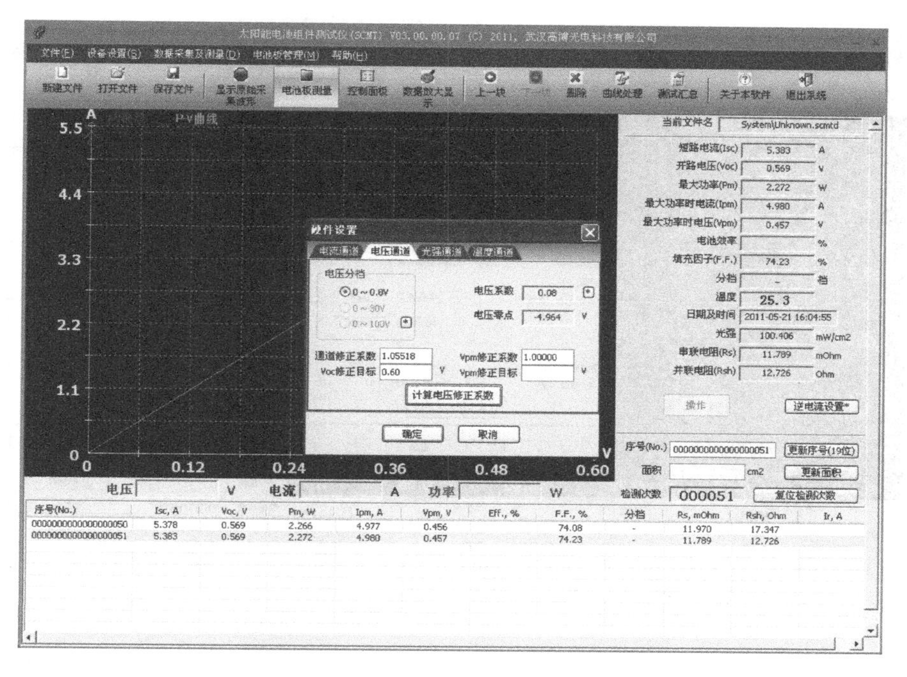

序号(No.)	Isc, A	Voc, V	Pm, W	Ipm, A	Vpm, V	Eff., %	F.F., %	分档	Rs, mOhm	Rsh, Ohm	Ir, A
0000000000000000050	5.378	0.569	2.266	4.977	0.456		74.08	-	11.970	17.347	
0000000000000000051	5.383	0.569	2.272	4.980	0.457		74.23	-	11.789	12.726	

图 2-44　V_{oc} 系数修正

③ 在电流通道输入“最大功率时电流（I_{pm}）修正目标”值和电压通道中“最大功率时电压（V_{pm}）修正目标”值，单击计算修正系数按钮并单击“确定”按钮后，触发闪光一次，分别如图 2-45 和图 2-46 所示。

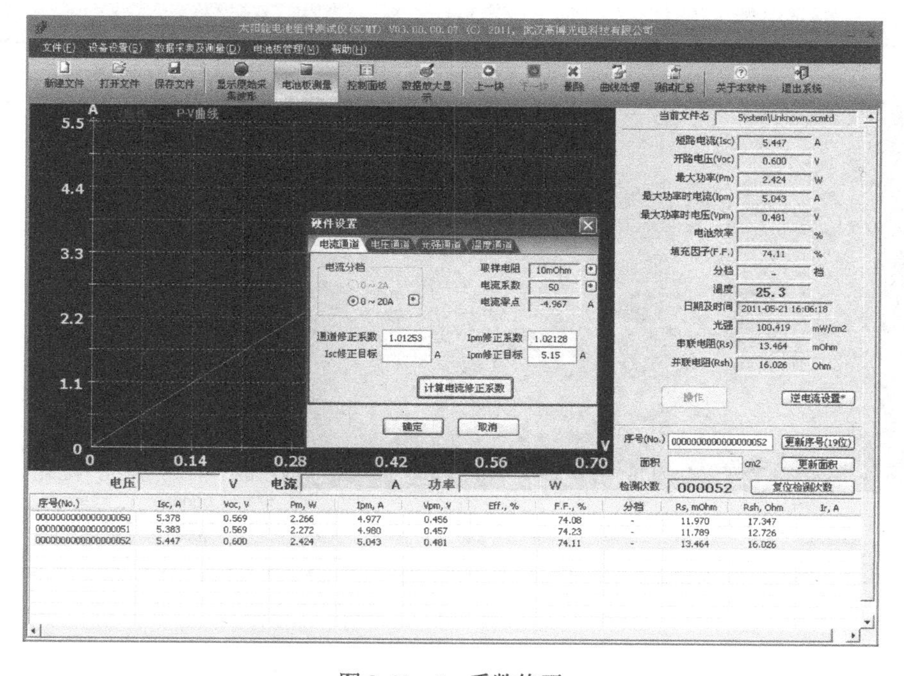

序号(No.)	Isc, A	Voc, V	Pm, W	Ipm, A	Vpm, V	Eff., %	F.F., %	分档	Rs, mOhm	Rsh, Ohm	Ir, A
0000000000000000050	5.378	0.569	2.266	4.977	0.456		74.08	-	11.970	17.347	
0000000000000000051	5.383	0.569	2.272	4.980	0.457		74.23	-	11.789	12.726	
0000000000000000052	5.447	0.600	2.424	5.043	0.481		74.11	-	13.464	16.026	

图 2-45　I_{pm} 系数修正

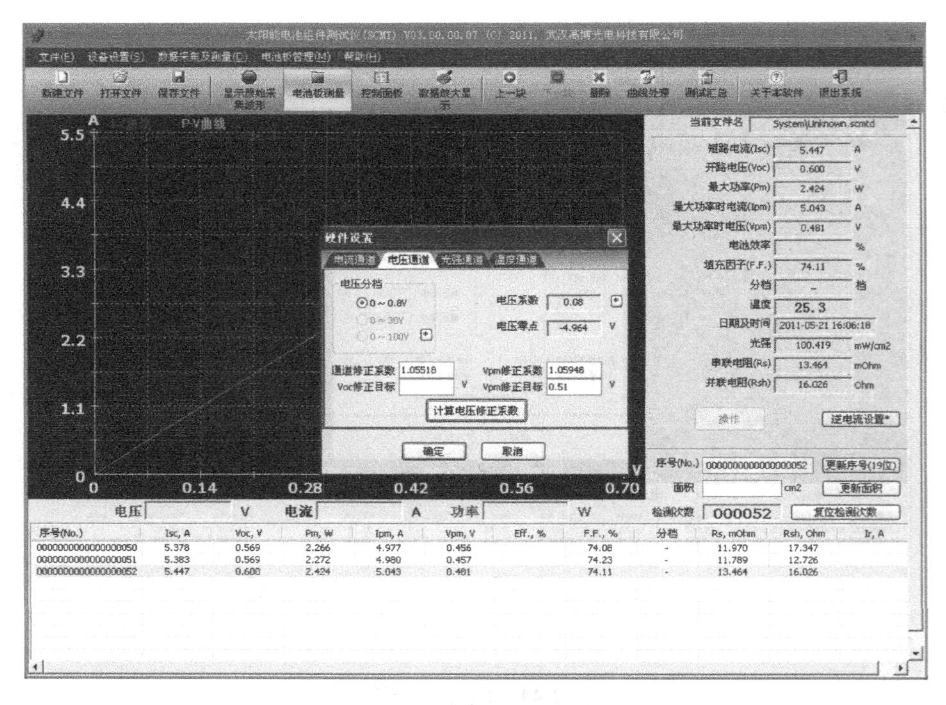

图 2-46　V_{pm}系数修正

④ 完成以上步骤后，对比测试仪给出的数据和标准数据的出入，若出入不大则校标完成，如图 2-47 所示。若存在一定的误差，则需要重新校标。

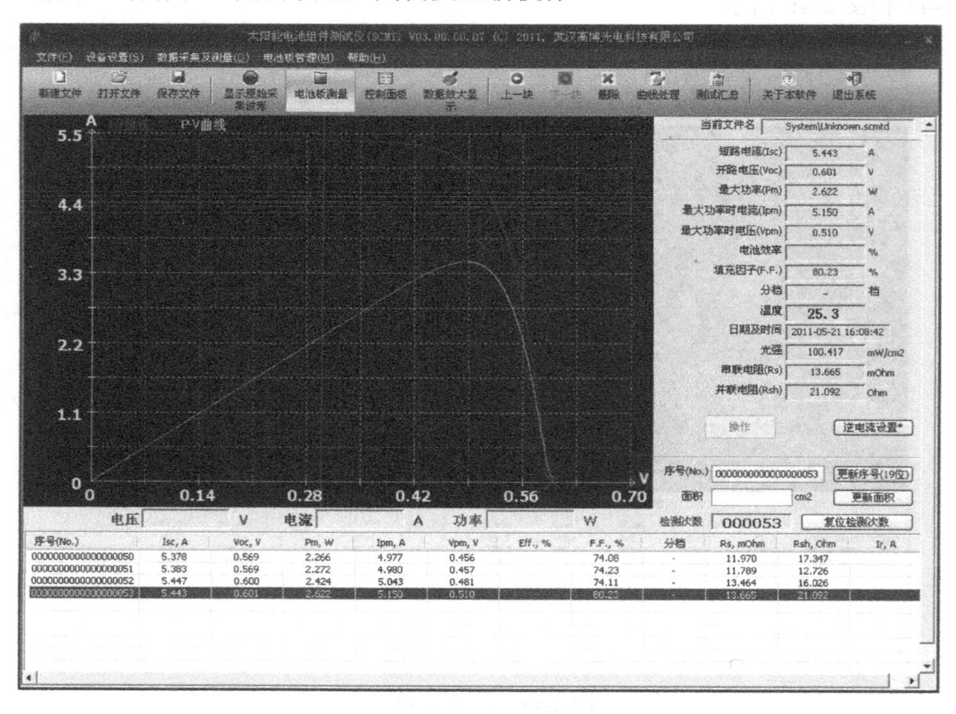

图 2-47　校标完成

3. 设备正常操作流程

（1）确保设备电源、气源及其他端口通信线的正常连接，如图 2-48 和图 2-49 所示。

图 2-48 6cm 的气源接口、设备电源接口和脚踏开关接口

图 2-49 25 芯数据线、设备端接口和计算机端接口

（2）将钥匙插入设备开关，开启设备的电源，如图 2-50 所示。

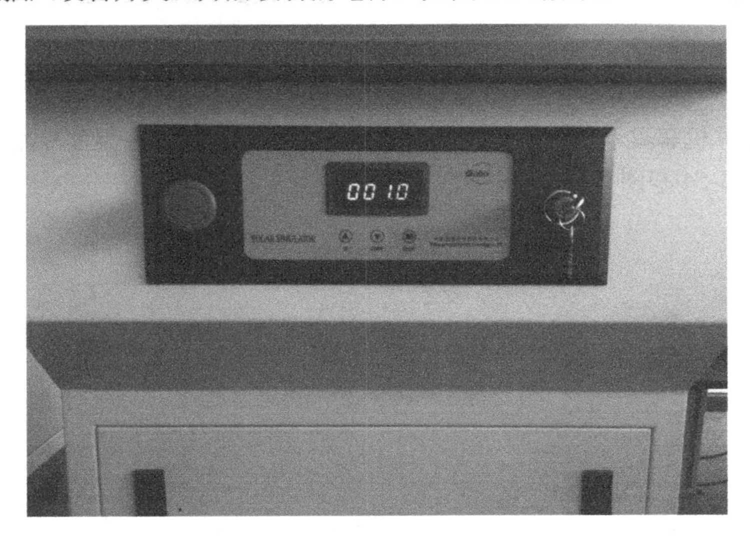

图 2-50 设备前面板

（3）打开汽缸驱动电源，探针板模块上升，离开测试台底面，如图 2-51 所示。

图 2-51　测试台底座及探针板

（4）按前面板上的“READY”钮，给设备充电，此时的数码表头电压由原来的“0”V，上升到设备正常工作时的电压值，分别如图 2-52 和图 2-53 所示。各设备之间存在差异，此电压值都不会一样。

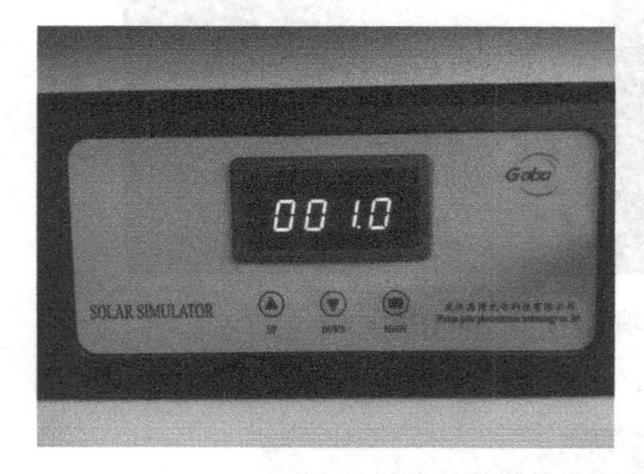

图 2-52　前面板，设备未充电

图 2-53　前面板，设备工作电压显示

（5）开启计算机和显示器电源，插入分选机专用加密狗，双击桌面专用软件图标，打开软件，分别如图 2-54 和图 2-55 所示。

图 2-54　与分选机对应的加密狗

图 2-55 计算机桌面上的软件图标

（6）单击“电池板测量”，如图 2-56 所示。

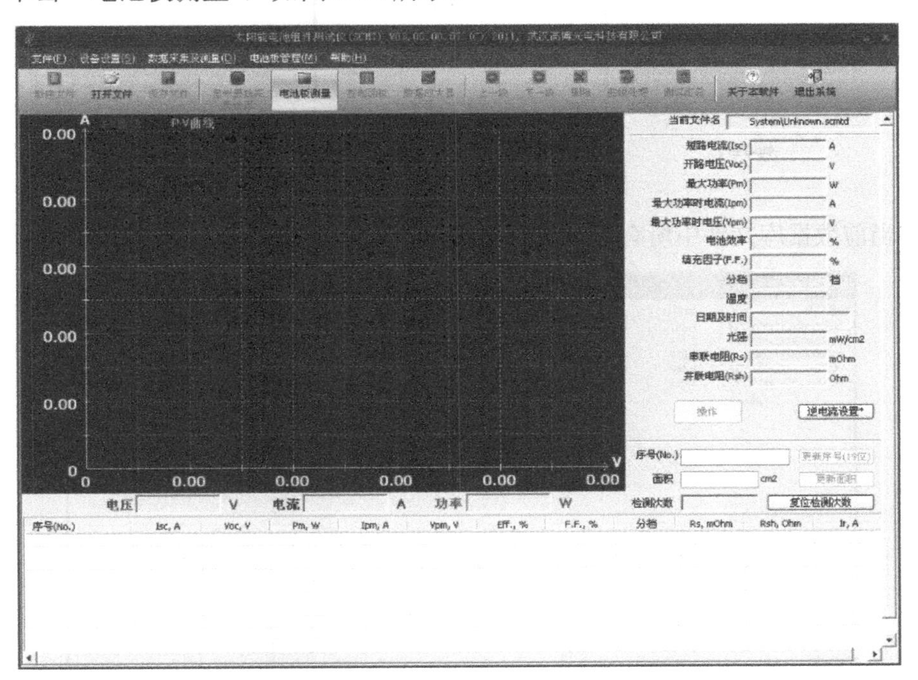

图 2-56 软件界面

（7）在测试台上放入待测电池片（前提是调整好电池片的位置和探针板的间距），踩一下脚踏，汽缸“下—上”运动一次。计算机端软件界面接收到一组数据，即完成一次测量，根据所显示数据的合理性，对相关参数进行调整。达到标准测试所需要求后，即可进行正常测试。脚踏开并如图 2-57 所示。

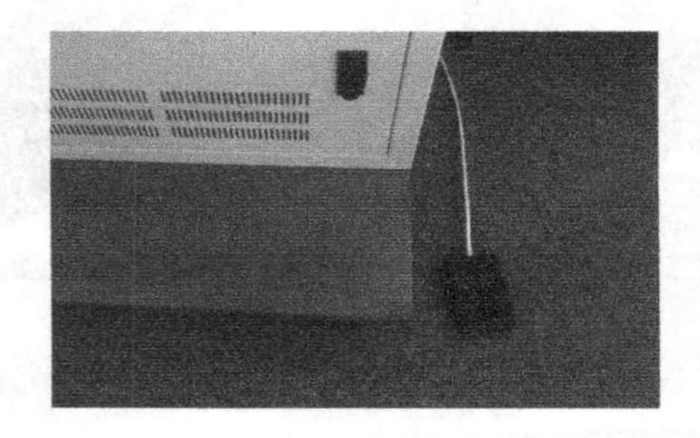

图 2-57　脚踏开关

（8）电池测量数据的处理。这种处理包含两种方式：

① 对当前选择的电池板曲线进行处理，如图 2-58 所示。

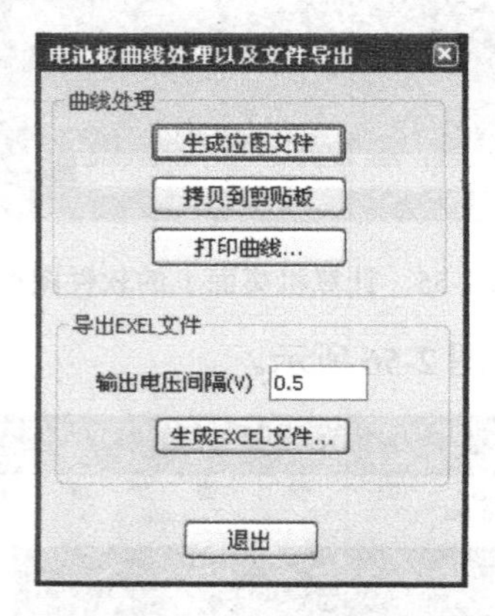

图 2-58　当前电池板处理对话框

② 对当前数据库文件中所有的电池板曲线进行汇总，如图 2-59 所示。

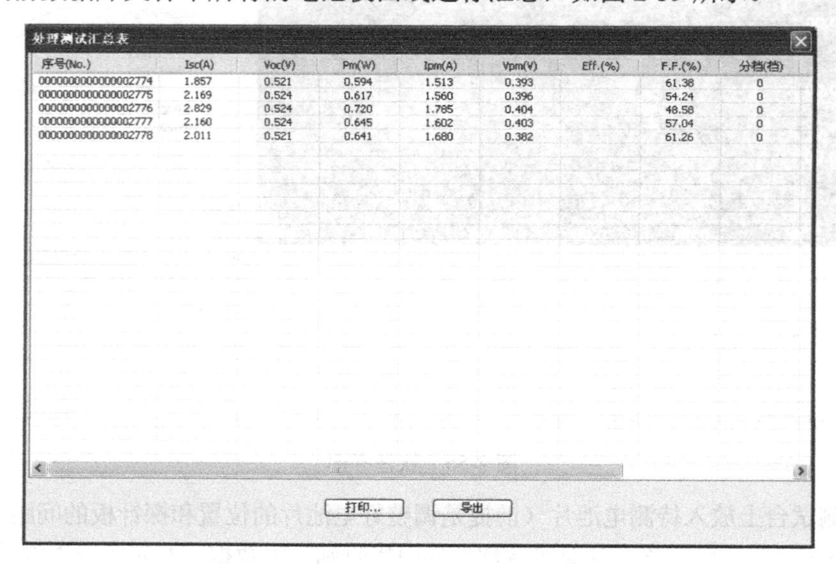

处理测试汇总表

序号(No.)	Isc(A)	Voc(V)	Pm(W)	Ipm(A)	Vpm(V)	Eff.(%)	F.F.(%)	分档(档)
0000000000000002774	1.857	0.521	0.594	1.513	0.393		61.38	0
0000000000000002775	2.169	0.524	0.617	1.560	0.396		54.24	0
0000000000000002776	2.829	0.524	0.720	1.785	0.404		48.58	0
0000000000000002777	2.160	0.524	0.645	1.602	0.403		57.04	0
0000000000000002778	2.011	0.521	0.641	1.680	0.382		61.26	0

打印...　导出

图 2-59　电池板测试汇总表

（9）关机。

设备的关机就是在设备的待机状态下，退出软件，关闭设备电源，关闭计算机电源。即完成设备的关机操作。

2.2.3 单体电池分选测试仪的维护

常见故障与处理如表 2-2 所示。

表 2-2　常见故障与处理

故障现象	原因分析	处理方法	备　注
整机电源不通	1．主电源空气开关跳闸。 2．急停开关未复位或损坏。 3．钥匙开关损坏。 4．交流接触器损坏	1．重新合上空气开关。 2．复位或更换急停开关。 3．更换钥匙开关。 4．更换交流接触器	
打开电源风机运转但氙灯电源面板表不亮	1．氙灯电源模块中的保险丝 F2 熔断。 2．面板表的连接线短线。 3．氙灯电源模块损坏	1．更换保险丝 F2。 2．检查并恢复面板表的连接线。 3．更换氙灯电源模块	F2 为 0.5A
氙灯电源面板表电压显示正常，但氙灯不能触发	1．氙灯电源模块到氙灯灯箱的各连接线有短线。 2．PC 控制板到氙灯电源模块的触发控制线有短线。 3．氙灯灯箱内的触发板损坏。 4．氙灯损坏。 5．氙灯电源模块损坏	1．检查并恢复氙灯电源模块到氙灯灯箱的各连接线。 2．检查并恢复 PC 控制板到氙灯电源模块的触发控制线。 3．更换氙灯触发板。 4．更换氙灯。 5．更换氙灯电源模块	1. 氙灯电源模块给氙灯触发板的触发信号为从-10～+10V 的正向脉冲，脉宽约为 12ms。 2．PC 控制板到氙灯电源模块的触发控制信号为从 5～0V 的负向脉冲，脉宽约为 10ms
氙灯电源面板表显示为零，氙灯不能触发	1．氙灯电源模块中的熔断器 F1 熔断。 2．氙灯电源模块供电线短线。 3. 氙灯电源模块与 PC 的连接插头断路。 4．氙灯电源模块损坏	1．更换熔断器 F1。 2．检查并恢复氙灯电源模块供电。 3．检查并恢复氙灯电源模块与 PC 的插头连接正常。 4．更换氙灯电源模块	F1 为 5A
氙灯电源面板表电压显示正常，氙灯也能触发，但测试无反应	1．标准电池与电子负载之间的连线断路。 2．标准电池正负极接反。 3．标准电池损坏	1．检查标准电池与电子负载之间的连接插头和连线。 2．恢复标准电池正确连接。 3．更换标准电池	标准电池的接线为： 红色　+ 黄色　+ 绿色　− 蓝色　−

续表

故障现象	原因分析	处理方法	备注
氙灯工作正常，测试时有光强显示，但无测试曲线显示	1. 测试时没有进行采集卡校验。 2. 测试时温度补偿通道的参数设置错误。 3. 电子负载与PCI采集卡之间的连线有断路。 4. 电子负载板损坏	1. 进行采集卡校验。 2. 重新修正温度补偿通道的参数设置并重新校验标准组件。 3. 检查并恢复电子负载与PCI采集卡之间的连线。 4. 更换电子负载板	通过查阅原始波形和对比采集卡校验时的各通道零点数据，可以大致判断有问题的通道
测试时有测试曲线显示，但P-V曲线的左下部不能到零	1. 测试时没有进行采集卡校验。 2. 电压扫描零点偏离	1. 进行采集卡校验。 2. 重新调整电子负载板上的电压扫描零点调节电位器	
测试时有测试曲线显示，但P-V曲线的右下部不能到零	1. 测试时没有进行采集卡校验。 2. 测试时温度补偿通道的参数设置与电池组件的实际参数不一致	1. 进行采集卡校验。 2. 重新修正温度补偿通道的参数设置	
测试时有测试曲线显示，但曲线上有较多的毛刺	1. 测试现场电磁干扰太大或设备没有接地。 2. 电流电压测试挡位设置不合理（如用10A挡测mA级的组件或用50V挡测5～10V的组件）	1. 增加去除电磁干扰的装置或设备有效接地。 2. 选择合适的测试挡位并重新校验标准组件	
测试数据导出Excel文件时需要很长时间或容易死机	本软件的每组测试数据都包含8000个点的电流电压等信息，如果一个文件包测试的组件数量太多则数据量更多（有时可达到几百兆字节甚至上吉字节）	建议每组测试数据的组件数量不要超过500个组件	

项目三

电池片的焊接与层叠

学习要求

1．掌握电池片的焊接工艺；
2．掌握组件的层叠工艺；
3．了解层叠设备和材料。

3.1 焊接前的准备工作

1．材料准备

（1）焊带（见图 3-1）

图 3-1　连接太阳能电池片的专用焊带

在进行太阳能电池片串并联时所用的连接材料不是常见的铜导线，而是专用的光伏焊带、镀锡铜带或涂锡铜带、分汇流带和互连条，应用于光伏组件电池片的连接。

（2）焊台（见图 3-2）

焊接焊带使用的电烙铁根据不同的组件有不同的选择，一般而言，焊接灯具等小光伏组件对烙铁的要求较低，小组件自身面积较小，对烙铁热量的要求不高，一般 35W 电烙铁可以满足焊接含铅焊带的要求，但是焊接无铅焊带时建议厂家尽量使用 50W 电烙铁，而且要使用无铅长寿烙铁头，因为无铅焊锡氧化快，对烙铁头的损害相当大。

焊接时采用的是 QUICK203 智能无铅焊台，这种焊台具有高周波发热、极速回温的特点。

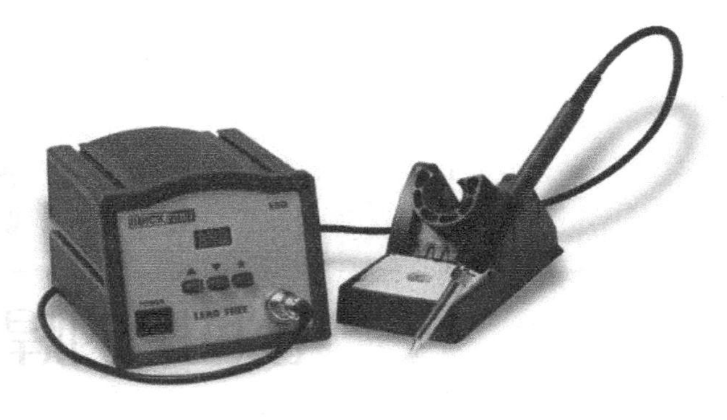

图 3-2　QUICK203 智能无铅焊台

（3）助焊剂（见图 3-3）

图 3-3　光伏电池片焊接专用助焊剂

助焊剂帮助焊带和电池片连接在一起，属于辅助焊接的功能。它是一种促进焊接的化学物质，在焊接中，它是一种不可缺少的辅助材料，其作用极为重要。

（4）焊接操作台（见图 3-4）

图 3-4　单焊与串焊操作台

具备单焊与串焊可同时进行、恒温加热、吸气排风与照明功能。

2. 知识准备

（1）焊带相关知识

焊带是光伏组件焊接过程中的重要原材料，焊带质量的好坏将直接影响到光伏组件电流的收集效率，对光伏组件的功率影响很大。

焊带在串联电池片的过程中一定要做到焊接牢固，避免虚焊假焊现象的发生。生产厂家在选择焊带时一定要根据所选用的电池片特性来决定用什么状态的焊带。一般选用的标准是：

① 根据电池片的厚度和短路电流的多少来确定焊带的厚度。

② 焊带的宽度要和电池的主栅线宽度一致。

③ 焊带的软硬程度一般取决于电池片的厚度和焊接工具。

手工焊接要求焊带的状态越软越好，软态的焊带在烙铁走过之后会很好地和电池片接触在一起，焊接过程中产生的应力很小，可以降低碎片率。但是太软的焊带抗拉力会降低，很容易拉断。对于自动焊接工艺，焊带可以稍硬一些，这样有利于焊接机器对焊带的调直和压焊，太软的焊带用机器焊接容易变形，从而降低产品的成品率。

常见焊带种类有自动线轴装涂锡铜带、含铅含银涂锡铜带、含铅涂锡铜带、无铅环保型涂锡铜带四种。

表 3-1 所示是以无铅环保型涂锡铜带为例进行其参数和规格说明（长度单位为 mm）：

表 3-1　无铅环保型涂锡铜带的规格

产品类型	产品规格（宽度×厚度）	铜基厚度	锡层厚度（单面）	宽度误差	厚度误差
互连带（单焊用）	1.5×0.15	0.1	0.025	±0.1	±0.01
	1.5×0.18	0.125	0.025	±0.1	±0.01
	1.6×0.15	0.1	0.025	±0.1	±0.01
	1.8×0.15	0.1	0.025	±0.1	±0.01
	1.8×0.18	0.125	0.025	±0.1	±0.01
	2.0×0.15	0.1	0.025	±0.1	±0.01
	2.0×0.18	0.125	0.025	±0.1	±0.01
	2.0×0.20	0.15	0.025	±0.1	±0.01
	2.5×0.15	0.1	0.025	±0.1	±0.01
	2.5×0.18	0.125	0.025	±0.1	±0.01
	1.5×0.20	0.15	0.025	±0.1	±0.01
汇流带（串焊用）	4.0×0.15	0.1	0.025	±0.1	±0.015
	4.0×0.20	0.15	0.025	±0.1	±0.015
	5.0×0.15	0.1	0.025	±0.1	±0.015
	5.0×0.20	0.15	0.025	±0.1	±0.015
	5.0×0.25	0.2	0.025	±0.1	±0.015
	5.0×0.30	0.25	0.025	±0.1	±0.015
	5.0×0.35	0.3	0.025	±0.1	±0.015

续表

产品类型	产品规格（宽度×厚度）	铜基厚度	锡层厚度（单面）	宽度误差	厚度误差
汇流带（串焊用）	6.0×0.20	0.15	0.025	±0.1	±0.015
	6.0×0.25	0.2	0.025	±0.1	±0.015
	6.0×0.30	0.25	0.025	±0.1	±0.015
	6.0×0.35	0.3	0.025	±0.1	±0.015

（2）焊台使用知识

有铅焊带焊接相对容易，一般只要选择好合适的助焊剂，烙铁温度补偿够用就可以了，但是无铅焊带焊接时确实麻烦了很多，很多厂家对此感到头疼。首先，无铅焊接要选择一个合适的电烙铁，对于厂家而言，选择功率可调的无铅焊台是个不错的选择，无铅焊台一般是直流供电，电压可调，直流电烙铁的优点是温度补偿快，这是交流调温电烙铁所无法比拟的。无铅焊带的焊接依据电池片的厚度和面积应选择70～100W的烙铁，小于70W的烙铁一般在无铅焊接时会出现问题。另外，市场上很多种无铅调温交流电烙铁（热磁铁控制）不适合焊接大面积的电池片，因为电池片的硅导热性能很好，烙铁头的热量会迅速传递到硅片上，瞬间使烙铁头的温度降低到300℃以下，烙铁的温度补偿不足以保证烙铁的温度升高到400℃，是不能保证无铅焊接的牢固性的，产生的现象是电池片在焊接过程中发出噼啪的响声，严重的立即使电池片出现裂纹，这是因为焊锡温度低引起的收缩应力造成的。无铅焊接的烙铁头氧化非常快，要保持烙铁头的清洁，在加热状态下最好将烙铁头埋入焊锡中，使用前要甩掉烙铁头多余的焊锡。烙铁头和焊带的接触端要尽量修理成和焊带的宽度一致，接触面要平整。焊接的助焊剂要选用无铅无残留助焊剂。

在焊接无铅焊带的过程中，生产厂家要注意调整工人的焊接习惯，无铅焊锡的流动性不好，焊接速度要慢很多，焊接时一定要等到焊锡完全熔化后再走烙铁，烙铁要慢走，如果发现走烙铁过程中焊锡凝固，说明烙铁头的温度偏低，要调节烙铁头的温度，升高到烙铁头流畅移动、焊锡光滑流动为止。

下面以QUICK203智能无铅焊台为例进行说明：

① 结构与组成，如图3-5所示。

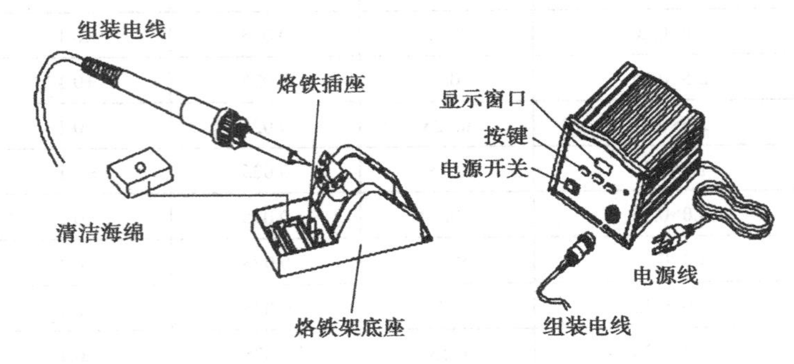

图3-5　QUICK203无铅焊台的组成结构图

② 使用过程。

a．清洁海绵的准备。

将小块清洁海绵先湿水再挤干，置入焊铁架底座凹槽之中。添水至焊铁架内。不能超过中间凸出部分。小块海绵吸水后，可使置于其上的大块海绵一直保持潮湿状态。然后蘸湿大块清洁海绵，置于焊铁架底座，如图 3-6 所示。

注：也可以单用大块海绵（省去小块海绵和添水）。海绵是可挤压物体，水湿则涨大。使用海绵时，先湿水再挤干，否则会损坏焊铁头。

b．部件连接。

将组装电线连接焊台插座，再将焊铁置放于焊铁架，然后将插头插入电源插座（切记要接地），最后按电源开关，如图 3-7 所示。

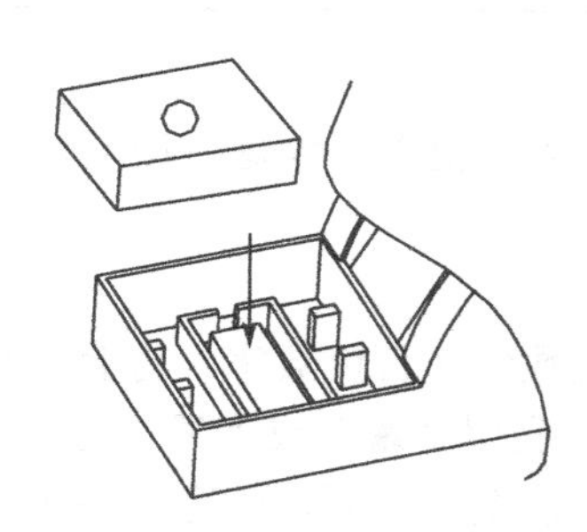

图 3-6　清洁海绵安装示意图

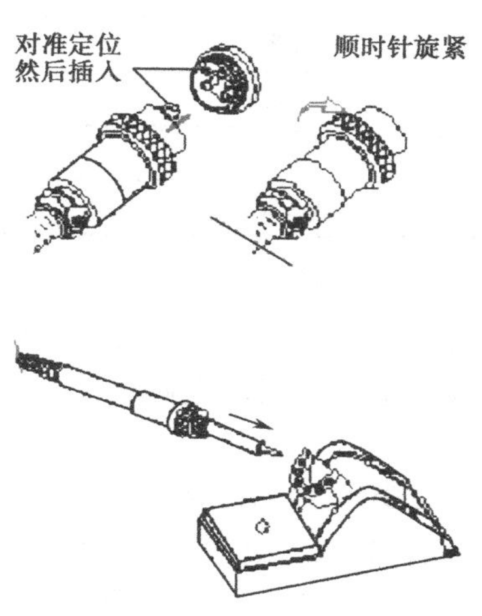

图 3-7　部件连接示意图

c．工作模式设定。

当显示窗口显示 0.⊢ 时,同时按压“▲”及“▼”键。 X 显示着指示焊台进入工作模式方式设置，按压“▲”或“▼”键，将改变显示值，数字改变顺序如下：

0↔1↔2↔3↔4↔5↔6 ↔7

7.↔6.↔5.↔4.↔3.↔2.↔1.↔0.

决定工作模式后，按“*”键，则选定的工作模式储存在记忆体内。显示数字意义如表 3-2 所示。

表 3-2　工作模式表

工作模式	适用手柄类型	可调整温度范围	适用于高周波主机类型	备　注
0.	电磁烙铁	200～420℃	60W 主机	有休眠及自动关机
1.	电磁烙铁	200～420℃	90W 主机	有休眠及自动关机
2.	电磁镊子烙铁或使用特种大型烙铁头	200～420℃	60、90W 主机	有休眠及自动关机
3.	电磁镊子剥线钳	50～600℃	90W 主机	有休眠及自动关机
4.	电磁烙铁	50～420℃	60W 主机	有休眠及自动关机
5.	电磁烙铁	50～420℃	90W 主机	有休眠及自动关机
6.	电磁烙铁	200～480℃	60W 主机	有休眠及自动关机

续表

工作模式	适用手柄类型	可调整温度范围	适用于高周波主机类型	备　注
7.	电磁烙铁	200～480℃	90W 主机	有休眠及自动关机
0.	电磁烙铁	200～420℃	60W 主机	无休眠及自动关机
1.	电磁烙铁	200～420℃	90W 主机	无休眠及自动关机
2.	电磁镊子烙铁	200～420℃	60W 主机	无休眠及自动关机
	特种大型烙铁头	200～420℃	90W 主机	无休眠及自动关机
3.	电磁烙铁	50～600℃	90W 主机	无休眠及自动关机
4.	电磁烙铁	50～420℃	60W 主机	无休眠及自动关机
5.	电磁烙铁	50～420℃	90W 主机	无休眠及自动关机
6.	电磁烙铁	200～480℃	60W 主机	无休眠及自动关机
7.	电磁烙铁	200～480℃	90W 主机	无休眠及自动关机

注：“X”代表原工作模式数字

警告：使用高温作业，会导致发热体及烙铁头严重氧化、受损，缩短使用寿命，因此请慎重选择，尽可能使用低温作业。

d．温度设定。

由 400℃改变为 355℃：按压“*”键至少 1s，最左边数位（百位数字）将会闪亮（表示电焊台温度正在设定），选择所需数值 3 以取代百位数字，利用“▲”或“▼”键以改换，当所需数字 3 显示时，即按下“*”键。之后中间数字 0（十位数字）开始闪亮，表示十位数字可以设定，选择所需数值 5 以取代十位数字 0，利用“▲”或“▼”键以改换，按下“*”键，最右边数字 0（个位数字）开始闪亮，表示个位数字 0 可以设定。选择所需数字 5 以取代个位数字 0，利用“▲”或“▼”键以改换，显示数值 5，按下“*”键，即可完成 400℃至 355℃的修改。

在工作中若需加热体不断电源情况下快速设置温度，还可以采用温度即时设定。升温设定：不按“＊”键，直接按“▲”键，则设定温度上升 1 ℃，显示窗口显示设定温度，释放“▲”键后，显示窗口延时显示设定温度约 2s，若在延时 2s 内再按“▲”键，则设定温度再上升 1℃；若按“▲”不放至少 1s，则设定温度快速上升，直至所需设定温度时释放“▲”键。降温设定：不按“＊”键，直接按“▼”键，则设定温度下降 1℃，显示窗口显示设定温度，释放“▼”键后，显示窗口延时显示设定温度约 2s，若在延时 2s 内再按“▼”键，则设定温度再下降 1℃；若按住“▼”键至少 1s，则设定温度快速下降，直至所需设定温度时释放“▼”键。

e．选择合适的烙铁头。

应该选一个烙铁头与焊点有最大接触面积的烙铁头，最大接触面积能产生最有效的热传输，使操作人员能够快速焊接出高品质的焊点。还应该选一个有良好路径传输热量到焊点的烙铁头，较短长度的烙铁头可以更精确地控制，而组装密集的线路板的焊接，也许必须选用较长或有一定角度的烙铁头。合适烙铁头的选择如图 3-8 所示。

烙铁头的保养：设定温度为 250℃，温度稳定后，以清洁海绵清理烙铁头，并检查烙铁状况。如果烙铁头的镀锡部分含有黑色氧化物时，可镀上新锡层，再用清洁海绵抹净烙铁头。

如此重复清理，直到彻底除去氧化物为止，然后再镀上新锡层。如果烙铁头变形或发生重蚀，则必须替换新的。

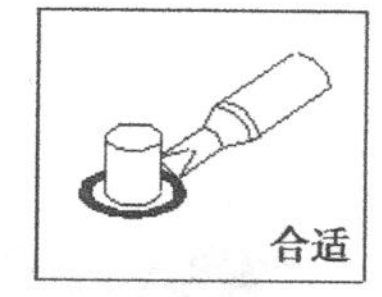

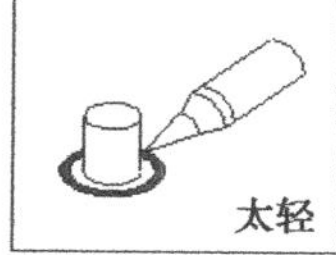

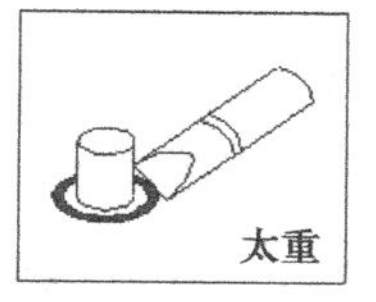

图 3-8 合适烙铁头选择示意图

（3）助焊剂使用知识

光伏电池片焊接用的有机助焊剂的主要成分是：异丙醇 80%、稳定粉 13%、表面活性剂 5%、专用添加剂 2%。

在电子产品生产锡焊工艺过程中，一般多使用主要由松香、树脂、含卤化物的活性剂、添加剂和有机溶剂组成的松香树脂系助焊剂。这类助焊剂虽然可焊性好，成本低，但焊后残留物高。其残留物含有卤素离子，会逐步引起电气绝缘性能下降和短路等问题，要解决这一问题，就必须对电子印制板上的松香树脂系助焊剂残留物进行清洗。这样不但会增加生产成本，而且清洗松香树脂系助焊剂残留的清洗剂主要是氟氯化合物。这种化合物是大气臭氧层的损耗物质，属于禁用和被淘汰之列。仍有不少公司沿用的工艺是属于前述采用松香树脂系助焊剂焊锡再用清洗剂清洗的工艺，效率较低而成本偏高。

免洗助焊剂主要原料为有机溶剂，松香树脂及其衍生物、合成树脂表面活性剂、有机酸活化剂、防腐蚀剂，助溶剂、成膜剂。简单地说是各种固体成分溶解在各种液体中形成均匀透明的混合溶液，其中各种成分所占比例各不相同，所起作用不同。

有机溶剂：酮类、醇类、酯类中的一种或几种混合物，常用的有乙醇、丙醇、丁醇；丙酮、甲苯异丁基甲酮；醋酸乙酯，醋酸丁酯等。作为液体成分，其主要作用是溶解助焊剂中的固体成分，使之形成均匀的溶液，便于待焊元件均匀涂布适量的助焊剂成分，同时它还可以清洗轻的脏物和金属表面的油污。

表面活性剂：含卤素的表面活性剂活性强，助焊能力高，但因卤素离子很难清洗干净，离子残留度高，卤素元素（主要是氯化物）有强腐蚀性，故不适合用作免洗助焊剂的原料，不含卤素的表面活性剂，活性稍有弱，但离子残留少。表面活性剂主要是脂肪酸族或芳香族的非离子型表面活性剂，其主要功能是减小焊料与引线脚金属两者接触时产生的表面张力，增强表面润湿力，增强有机酸活化剂的渗透力，也可起发泡剂的作用。

有机酸活化剂：由有机酸二元酸或芳香酸中的一种或几种组成，如丁二酸、戊二酸、衣康酸、邻羟基苯甲酸、葵二酸、庚二酸、苹果酸、琥珀酸等。其主要功能是除去引线脚上的氧化物和熔融焊料表面的氧化物，是助焊剂的关键成分之一。

防腐蚀剂：减少树脂、活化剂等固体成分在高温分解后残留的物质。

助溶剂：阻止活化剂等固体成分从溶液中脱溶的趋势，避免活化剂不良的非均匀分布。

成膜剂：引线脚焊锡过程中，所涂覆的助焊剂沉淀、结晶，形成一层均匀的膜，其高温分解后的残余物因有成膜剂的存在，可快速固化、硬化、减小黏性。

光伏助焊剂的使用方法一般是，将涂锡焊带浸泡在助焊剂里，充分浸泡后晾干。焊接的时候涂锡焊带与电池片的栅线接触，同时用烙铁加热，在热量的作用下，涂锡焊带上的助焊剂熔化，助焊剂在高温下与金属表面的氧化物发生化学反应并将其去除，同时助焊剂提升了锡的可焊性，使锡将焊带和电池片焊接在一起。

需要注意的是，助焊剂有有效期，需要在失效前使用。

（4）焊接工作台使用知识

太阳能电池片单焊与串焊工作台如图 3-9 所示。

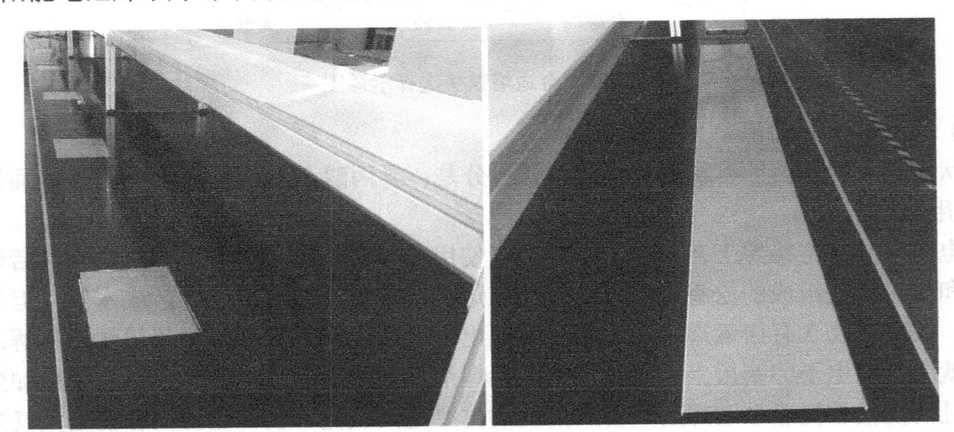

图 3-9　太阳能电池片单焊与串焊工作台

在太阳能电池片焊接过程中，为了减少因焊接中高温烙铁的接触而导致电池片碎裂的概率，同时也为焊带更加容易地与电池片上主栅线焊接，我们在焊接中通过工作台面上的铝合金金属板给电池加热。加热控制在工作台面的下面完成。工作台温控面板图如图 3-10 所示。

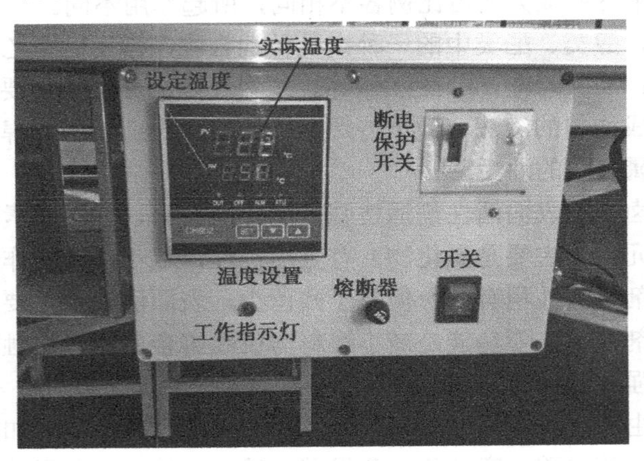

图 3-10　工作台温控面板图

焊接过程中会产生的一些气体，这些气体主要是焊锡加热所产生和一些残留的助焊剂加热后挥发所致，这些气体有一定的刺激性味道，人体长期吸入也会影响健康，在焊接中需要将这些气体排出，在工作台的上部设置了排风装置，如图 3-11 所示。

此外，工作台上端还配备了独立的照明电路，给焊接操作提供了充足的照明，如图 3-11 所示。每组工作台的照明、排风和加热都可以通过控制柜进行分开控制。

图 3-11 工作台的排气与照明装置

3.2 电池片的单焊工艺

由于太阳能电池片具有薄、脆和易开裂的物理特点，很难采用自动焊接工艺，目前国内外企业广泛采用的都是手工焊接，只有极少数国外企业采用自动焊接。在太阳能电池组件生产环节中，电池片的损耗率有严格控制，一般要求不超过 0.4%，所以只有经过严格的焊接工艺训练才能达到相应的标准，也才能在手工焊接岗位从事电池片的生产加工任务，太阳能电池片的焊接先要进行单焊（也称为正面焊接），如图 3-12 所示，完成之后才能进行串联焊接（背面串接）。

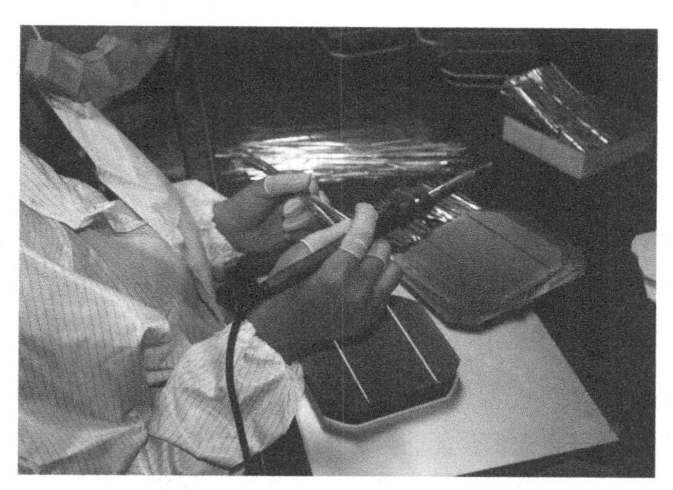

图 3-12 电池片的单焊

正面焊接：是将焊带焊接到电池正面（负极）的主栅线上，焊带为镀锡的铜带，焊接过程是将焊带与电池片正面的主栅线对齐，轻压住焊带与电池片，设定好焊台温度并达到稳定后采用焊台的烙铁头速度平稳地进行焊接。所采用焊带的长度约为电池边长的 2 倍。多出的焊带在背面焊接时与后面的电池片的背面电极相连。

1. 焊接工艺要求

（1）参数设置要求：焊台工作温度设定在350～380℃，工作台板温度设置为45～50℃，焊接时烙铁头斜度与桌面呈30°～50°的夹角。

（2）焊接平直、光滑、牢固，手沿45°方向向上提起电池片，焊带不会脱落。

（3）电池片表面清洁，焊带条整齐均匀地焊在主栅线内，焊带上无焊锡堆积现象。

（4）电池片单个整片完整，无碎裂现象。

（5）助焊剂每班要更换一次，容纳助焊剂的玻璃器皿要同时进行清洗。

（6）操作过程中必须戴好帽子、口罩、指套，禁止未佩戴橡胶指套用手直接接触电池片。

2. 焊接步骤

（1）预热烙铁，打开焊台，设定好温度，准备好海绵。

（2）浸润焊带，将助焊剂倒入玻璃器皿中，再将要使用的焊带放入助焊剂中进行浸泡30s后用镊子取出，放置在干净的玻璃碟子里晾干。

（3）将太阳能电池片正面朝上，放置在恒温工作台上。

（4）左手用镊子捏住焊带一端约1/3的长度处，提起平放于电池片主栅线上，右手拿烙铁，从左至右用力轻轻均匀地沿着焊带压焊。焊接中烙铁头的平面应始终紧贴焊带，当烙铁头离开电池时，轻提烙铁头，快速拉离电池片，每个焊带焊接用时约4s左右。

3. 焊接检验

（1）焊接表面光亮，无锡珠和毛刺，无脱焊、虚焊和过焊。

（2）电池表面清洁，无明显助焊剂。

（3）同一电池片上每个焊带的端点在同一直线上，误差不超过1mm，端点离电池片边缘约0.5mm左右。

（4）具有一定机械强度，沿45°方向轻拉焊带，焊带不会从电池片上脱落。

3.3 电池片的串焊工艺

太阳能电池片单体在室外正常光照下产生的开路电压只有0.5V左右，这么小的电压致使其不能直接作为电池使用，一般要将至少6个（具体要根据实际电压需要）以上已单焊合格的电池片串接（也称背面串接），最后汇成一个正极和一个负极引出来作为电源的正负电极。

1. 焊接工艺要求

（1）背面焊带的焊接平直光滑，无凸起、无毛刺、麻面。

（2）电池片表面清洁，焊接条要整齐落在背电极内，焊带上无焊锡堆积。

（3）单片完整无碎裂现象。

（4）手套指套要每天更换，玻璃器皿要清洗干净，触摸电池片须戴好手套或指套。

（5）烙铁架里面的海绵也要每天清洁，焊台温度设定在360℃左右，工作台的温度设定在50℃左右。

电池片的串焊如图3-13所示。

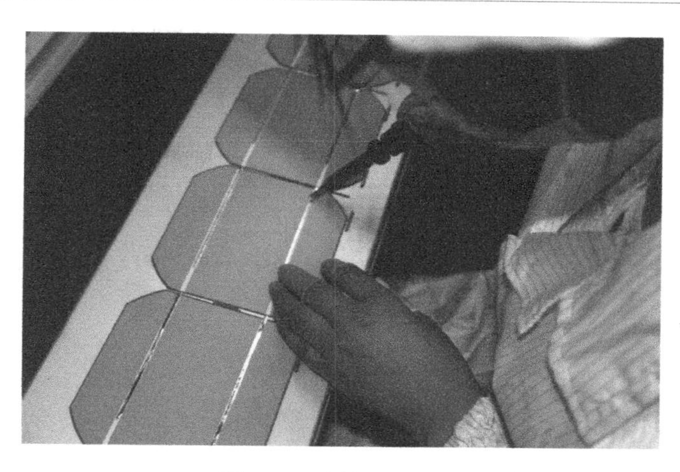

图 3-13 电池片的串焊

2. 焊接过程

（1）电池的定位主要靠一个膜具板，上面有与串接电池数目相对应的放置电池片的凹槽，槽的大小和电池的大小相对应，槽的位置已经设计好，不同规格的组件使用不同的模板；

（2）操作者先在背电极上涂一些助焊剂，然后将“前面电池”的正面电极（负极）的焊带放置到“后面电池”的背面电极（正极）上；

（3）左手轻轻按住电池，右手拿着烙铁从左至右用力均匀地沿焊带轻轻压焊，焊接中烙铁头的平面应始终紧贴焊带，焊接动作要快，要求一次焊接完成；

（4）焊接时烙铁与焊带呈 50° 角，焊接下一片时还要顾及保持与前面焊带在同一直线上，防止倾斜，且焊带要与背电极重合。确定焊牢后把电池向左推，依次进行焊接。

3. 焊接检查

（1）检查电池片背电极与焊带是否在同一直线上，避免电池片之间错位；

（2）电池片之间互连条头部有 3mm 距离不焊；

（3）在焊接过程中，若个别尺寸稍大的电池片，可将其放在串联焊接的尾部，如果出现的频率较高，只要能保证前后间距一致无喇叭口形状即可；

（4）所涂助焊剂不能过多，只要蘸湿背电极即可，否则擦拭比较麻烦；

（5）焊接后要检查焊带是否落在背电极内，检查电池片间的间距是否一致；

（6）检查电池片背面有无虚焊、漏焊、短路、毛刺、麻面、堆锡等缺陷；

（7）检查电池串表面是否清洁、焊接是否光滑、有无隐裂及裂纹、电池片数量是否合符要求。

3.4 组件层叠

层叠工艺就是将焊接好的电池串联起来，并与钢化玻璃、EVA 热熔胶纸、TPT 背板纸按照一定的次序（见图 3-14）层叠好。

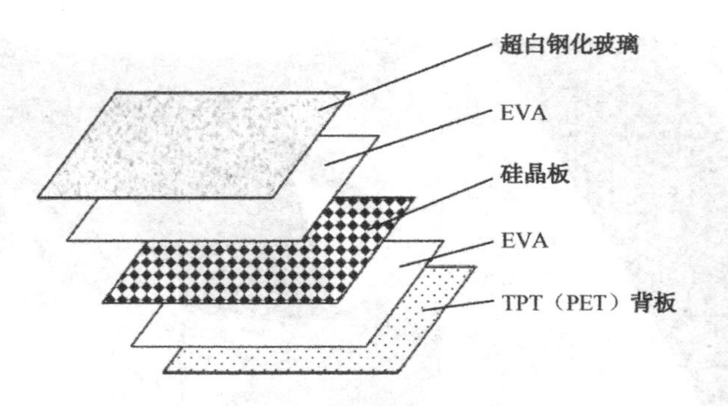

图 3-14　组件层叠次序示意图

3.4.1　层叠设备与材料介绍

1. 裁剪台

裁剪台是进行 EVA 热熔胶纸和 TPT 背板纸的操作台，整个操作台由铝合金框架组合而成，台面是两块钢化玻璃，玻璃之间有一个 1mm 宽的狭缝（仅能插入一个刀片），狭缝的上面是一个平直的不锈钢条，台面的两个侧面配有不锈钢尺，便于裁剪时裁剪长度的控制。裁剪的尺寸需根据钢化玻璃和电池组件的大小，也就是说，这三者尺寸是一致的。裁剪时，拉出 EVA 胶纸或者背板纸，量好尺寸后左手压着两端固定的不锈钢板条，右手拿美工刀或者手术刀依着不锈钢板条一刀割到底（要求 EVA 和 TPT 应超出玻璃边缘 5mm 以上）。EVA 热熔胶纸和 TPT 背板纸裁剪工作台如图 3-15 所示。

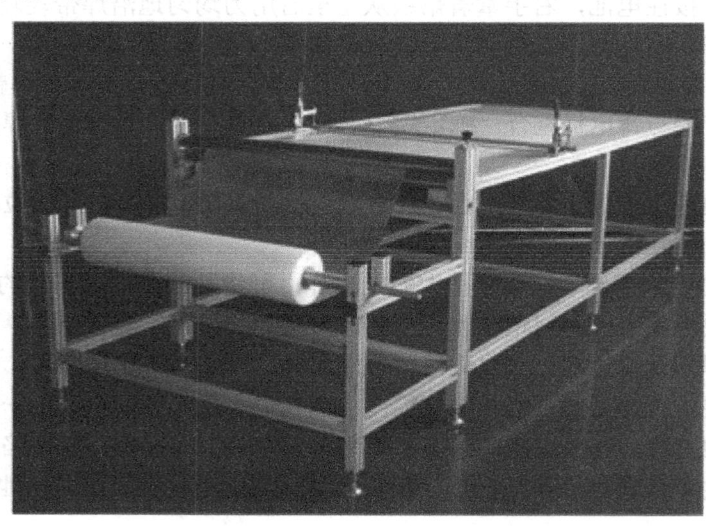

图 3-15　EVA 热熔胶纸和 TPT 背板纸裁剪工作台

2. 层叠操作台

电池组件层叠工作台是由铝合金杆所构成如图 3-16 所示的一个框架，台面是由一整块钢化玻璃嵌入至铝合金支杆中，下面有日光灯和卤素灯强光照明，在层叠操作过程中只开日光灯，这可以检查叠层内有无掉落的焊锡、毛发、电池片的碎边角等杂物，当层叠完成对组件进行简单电测试时就需要打开下面的强光从下面进行照射。

图 3-16　组件层叠工作台

3. 层叠所用材料

（1）超白布纹钢化玻璃（见图 3-17）

图 3-17　超白布纹钢化玻璃

超白玻璃是一种超透明低铁玻璃，也称低铁玻璃和高透明玻璃。它是一种高品质、多功能的新型高档玻璃品种，透光率可达 91%以上，具有晶莹剔透、高档典雅的特性，有玻璃家族“水晶王子”之称。超白玻璃同时具备优质浮法玻璃所具有的一切可加工性能，具有优越的物理、机械及光学性能，可像其他优质浮法玻璃一样进行各种深加工。

超白玻璃的优势：

① 玻璃的自爆率低。由于超白玻璃原材料中一般含有的 Ni、S 等杂质较少，在原料熔化过程中控制的精细，使得超白玻璃相对普通玻璃具有更加均一的成分，其内部杂质更少，从而大大降低了钢化后可能自爆的概率。

② 颜色一致性。由于原料中的含铁量仅为普通玻璃的 1/10 甚至更低，超白玻璃相对普通玻璃对可见光中的绿色波段吸收较少，确保了玻璃颜色的一致性。

③ 可见光透过率高，通透性好。大于 92%的可见光透过率，具有晶莹剔透的水晶般品质，让展示品更显清晰，更能凸显展品的真实原貌。

④ 紫外线透过率低。相对于普通玻璃，超白玻璃对紫外波段的吸收更低，应用于防紫外

线的场所，如博物馆等地区，可有效降低紫外线的通过，减缓展柜内的各种展品的褪色和老化，尤其对文物保护效果更加明显。

⑤ 市场大，技术含量高，具有较强获利能力。超白玻璃科技含量相对较高，生产控制难度大，具有相对普通玻璃较强的获利能力。较高的品质决定了其不菲的价格，目前超白玻璃售价是普通玻璃的1～2倍，成本相对普通玻璃提高不多，但技术壁垒相对较高，具有较高的附加值。

太阳能光伏组件所用的超白布纹钢化玻璃，其表面具有的布纹形状，一方面可以减少光的反射，另一方面还可以使组件与钢化玻璃结合得更加牢固，玻璃的厚度一般是3.2mm，这样的玻璃做成的组件可以承受直径25mm的冰球以23m/s的速度撞击。

（2）EVA热熔胶纸（见图3-18）

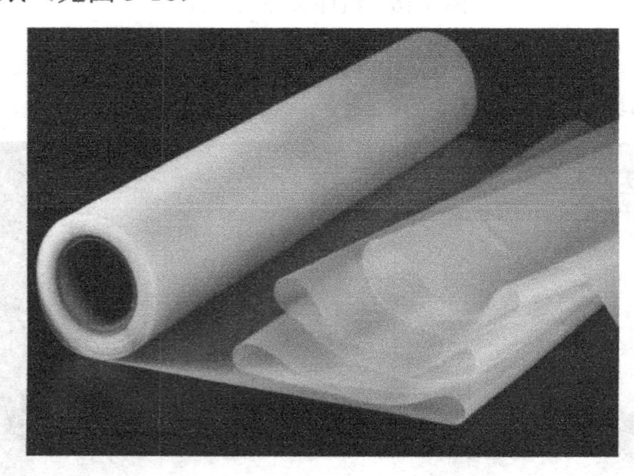

图3-18　EVA热熔胶纸

EVA是一种塑料物料由乙烯(E)及乙烯基醋酸盐(VA)所组成。EVA是一种热固性有黏性的胶膜，用于夹胶玻璃中间，由于EVA胶膜在黏着力、耐久性、光学特性等方面具有的优越性，使得它被越来越广泛地应用于电池组件以及各种光学产品中。

具有的特点：

① 高透明度，高黏着力可以适用于各种界面，包括玻璃、金属及塑料如PET。

② 良好的耐久性可以抵抗高温、潮气、紫外线等。

③ 易储存。室温存放，EVA的黏着力不受湿度和吸水性胶片的影响。

④ 相比PVB有更强的隔音效果，尤其是高频率的音效。

使用须知：

① 固化条件：快速固化型胶膜，加热至135～140℃，恒温15～20min；常规型胶膜，加热至145℃，恒温30min。

② 透光率：大于90%。

③ 交联度：快速固化型胶膜大于70%，常规型胶膜大于75%。

④ 剥离强度：玻璃/胶膜大于30N/cm，TPT/胶膜大于20N/cm。

⑤ 耐温性：高温85℃，低温-40℃，不热胀冷缩，尺寸稳定性较好。

⑥ 耐紫外线老化性能：长时间的紫外线照射不龟裂、不老化。

（3）TPT 背板纸（见图 3-19）

图 3-19 TPT 背板纸

太阳电池的背面覆盖物——背板纸（氟塑料膜）的主要作用是对电池组件起到密封、绝缘、防水。因其具有较高的红外发射率，还可降低组件的工作温度，也有利于提高组件的效率。作为太阳能组件裸露在外部的材料，其材质必须耐老化，大部分组件厂家生产的光伏组件都是质保 25 年。钢化玻璃、铝合金一般都没问题，关键在于背板和硅胶是否能达到要求。

基本要求：

① 能够提供足够的机械强度，使太阳能电池组件能经受运输、安装和使用过程中发生的冲击、震动等产生的应力，能够经受住冰雹的单击力；

② 具有良好的密封性，能够防风、防水、隔绝大气条件下对太阳能电池片的腐蚀；

③ 具有良好的电绝缘性能；

④ 抗紫外线能力强，对阳光起反射作用，因此对组件的效率略有提高。

3.4.2 层叠流程

1. 准备工作

（1）清理工作区和操作台，保持清洁整齐；

（2）检查工具、材料是否齐备，有无短缺或者损坏；

（3）操作人员必须穿工作服、戴工作帽，长发要全放入工作帽中，戴好口罩、戴好指套或者手套；

（4）钢化玻璃已经清洗干净，且已经晾干，玻璃平整，无缺口、无划痕；

（5）检查电池串的间距和长度一致，符合规定的要求，电池串排列整齐无明显偏离现象（偏离尺寸小于 0.5mm）；

（6）检查焊带无平直无折痕，焊接良好，无虚焊、假焊和短路现象。

组件的层叠工作现场如图 3-20 所示。

2. 具体操作过程

（1）首先打开工作台的照明日光灯光源，将钢化玻璃在层叠工作台上摆放好位置，钢化玻璃具有布纹的那一面朝上；

图 3-20 组件的层叠工作现场

（2）把与钢化玻璃稍大尺寸的 EVA 胶膜纸平铺到钢化玻璃的上面，EVA 的光面朝向玻璃的绒面，胶膜纸紧贴玻璃，边缘超出玻璃边缘 5mm 左右，在钢化玻璃的两端放置耐高温的垫板，要求其边缘与钢化玻璃平齐；

（3）将串焊好的电池串两人合作放置 EVA 胶膜纸上，放置时控制每列之间的间距尽可能保持一致（3～5mm），同一列电池串要平直在一条线上，如图 3-21 所示；

图 3-21 组件的排列与调整

（4）排列并调整整个电池组件的方正，务必使整体排列整齐，间距均匀一致，看起来均匀美观；

（5）使用汇流带将每列电池串与相连的电池串进行互连（串联或并联），并将多余露出的焊带剪除，如图 3-22 所示；

（6）移除两端的耐高温垫板，检查玻璃板台面上是否有异物残留在里面，同时检查焊接是否牢固，有无虚焊漏焊等现象；

（7）完成上面操作后将另一层 EVA 胶膜纸平整地覆盖在电池组件上面，构成一个三明治结构，确保要完全覆盖，边缘平齐，表面平整无较明显波纹，在引出线胶膜处引线位置剪开一条小缝，并将正负极引线通过剪开的小缝引出在 EVA 胶纸膜上；

图 3-22　电池串的互连焊接

（8）检查有无异物残留在组件内，完成后再将 TPT 背板纸覆盖在最上面，白色无光泽面朝下，有光泽面朝上，形成如图 3-14 所示的一种结构（实际顺序与图 3-14 是颠倒的）；

（9）按要求在 TPT 背板膜上在引线位置剪开一条小缝，在引出口小缝处将组件正负极引线引出在 TPT 上，并用透明胶带压住正负极引线；

（10）用透明胶带将 TPT 背板纸与玻璃固定，长边粘两根透明胶带，宽边粘一根透明胶带，以免 TPT 移位；

（11）做好上面工作后，将铺设台的正负测试引线夹分别夹到组件的正负引出电极上，打开铺设台的强光照射开关，通过电压表和电流所显示的电压和电流数值对组件是否良好做出正确的判断；

（12）在组件层压前还要再对整个组件进行一个全面的外观检查，确保焊接和铺设没有任何问题。检查是在图 3-23 所示的设备上进行的，借助平面镜的反射，可以从下面看到放置在上面的组件是否有不足之处。

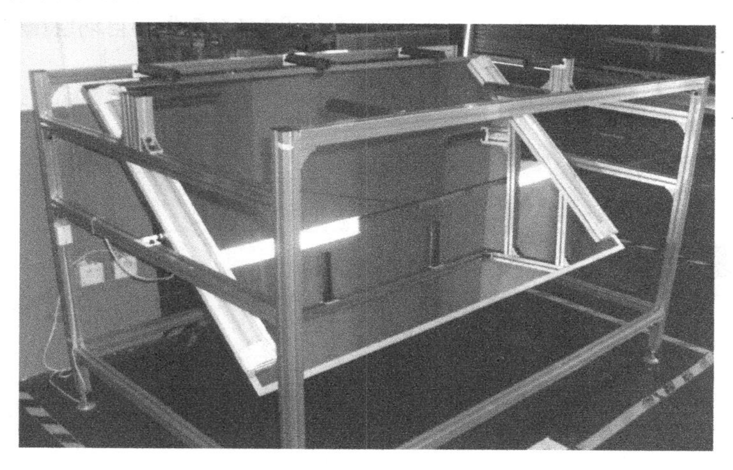

图 3-23　电池组件层压前检测台

完成了这些操作后的组件就可以进入下面的组件层压工艺了。

项目四 电池组件的层压

学习要求

1. 掌握组件层压设备的操作与维护；
2. 熟悉组件层压工艺操作流程。

将敷设好的电池组件放入层压机内，通过抽真空将组件内的空气抽出，然后加热使 EVA 熔化，将电池、玻璃和背板黏结在一起；最后冷却取出组件。层压工艺是组件生产的关键一步，层压温度和层压时间根据 EVA 的性质决定。它避免电池的损坏，保障电池使用年限，使电池有足够的机械强度，能经受在运输、安装和使用中发生碰撞、振动及其他应力，而且组合起来引起的电性能的损失小。

压合后达到以下要求：

① 层压后电池表面无气泡、无移位、无异物；

② 相融物质要融为一体；

③ 无法相融物质间要有一定的黏结强度。

4.1 层压设备介绍

层压设备有半自动和全自动两种，这里我们主要介绍 MJ-C-3 型半自动层压机，如图 4-1 所示。

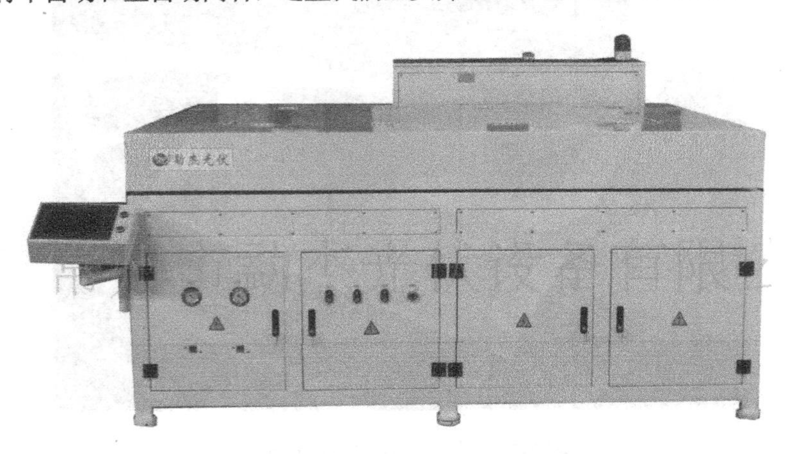

图 4-1 MJ-C-3 型半自动层压机

1. 主要性能参数

（1）层压板面积：2200mm×2200mm。
（2）温度调节范围：30～160℃。
（3）真空度调节范围：20～500Pa。
（4）电源：380VAC±10% 50Hz。
（5）功率：30kW。
（6）重量：3800kg。
（7）使用环境温度：10～40℃。
（8）相对湿度：<90%。

2. 主要特点

（1）集真空技术、气压传动技术、PID 温度控制技术、可编程控制、继电器输出于一体，可准确方便地实现各种复杂的工艺控制。适用于：单晶硅电池组件、多晶硅电池组件的层压生产作业。

（2）先进独到的 PID 温度控制技术，温升速度快、精度高、稳定可靠，并根据作业环境调整工作参数。

（3）精确的高真空度指示， 适时对工作室真空状态进行量化监控，抗干扰性能强，直观可靠，保证层压最佳效果。

（4）在控制过程中意外掉电时，控制状态自动恢复初始状态。复电后，层压机处于待命状态，避免加热部件及真空泵意外动作。

（5）真空泵系统独立作业，在整机预热过程中、在等待层压作业过程中均可关闭真空泵，节省电力成本，减少噪声，延长使用寿命。

（6）具有自动状态、手动状态选择功能，操作简便灵活。

（7）具有省电功能、在恒温工作期间采用脉冲加热方式，既节能又维持所需温度条件。

（8）独到的人性化设计，采用下边框与层压板等高的结构，方便层压组件进出层压机；采用上面装配密封胶条的结构，避免层压组件进出层压机造成与密封胶条的接触，有效延长密封胶条的使用寿命；采用全电子控制，降低作业现场噪声和生产成本；采用上法兰式结构，方便设备维护，橡胶板不用拆卸层压机上箱即可进行更换。

（9）具有高真空检测接口，可随时校准各项技术参数。

（10）设置紧急状态按钮，应急情况可迅速处理并强制切断整机电源。

（11）具有保险系统，当上盖开启到位后，保险自动锁闭，以防出现意外。

4.2　组件层压工艺

1. 操作前要做好的准备工作

（1）工作时必须穿工作服、工作鞋，戴工作帽，佩戴绝热手套；
（2）做好层压机内部和高温布的清洁；
（3）确认紧急按钮处于正常状态。

2. 对组件再次进行层压前的检查

（1）检查组件的引出电极线要平整地压在 TPT 层上，并用胶带固定住，长度不宜过长但也不能过短，也不可折弯；

（2）检查 TPT 背板纸有无明显褶皱、划伤，是否完全覆盖住玻璃；

（3）检查组件内是否存在锡渣、破片、缺角、头发细碎焊带等杂物；

（4）用组件观察镜面观察架，检查电池片与电池片、电池片与玻璃边缘、电池串之间、电池片与汇流条、汇流条与玻璃边缘的间距是否正常。

3. 层压步骤

（1）整机上电后，状态选择开关选择手动，处于待命状态。

（2）通过触摸屏，设置工作温度，上限、下限温度，预热 60min，此时不必打开真空泵。

温度设置方法：正常状态下，上三个窗口显示实际工作温度，下一个窗口显示设定温度，按“▲”或“↓”输入数值（工作温度），按 Enter 键确认，如图 4-2 所示。

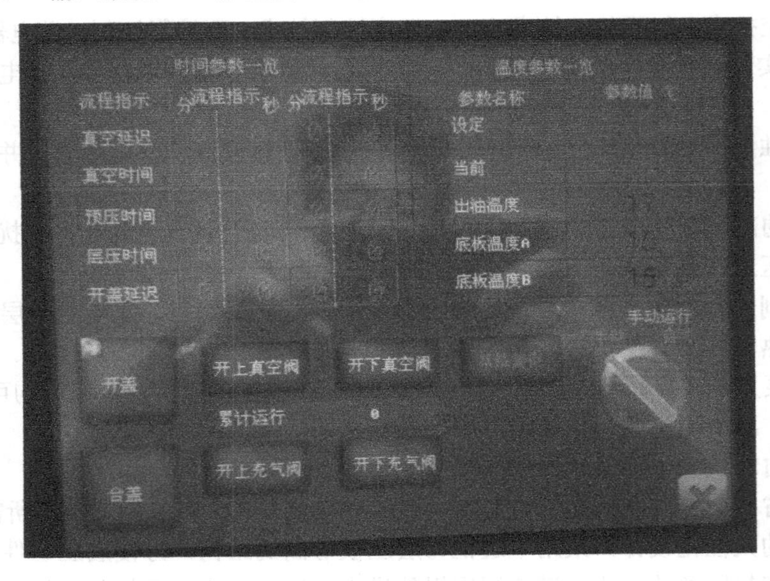

图 4-2　层压温度设置

（3）按下控制面板上的加热按钮开始预热，如图 4-3 所示。

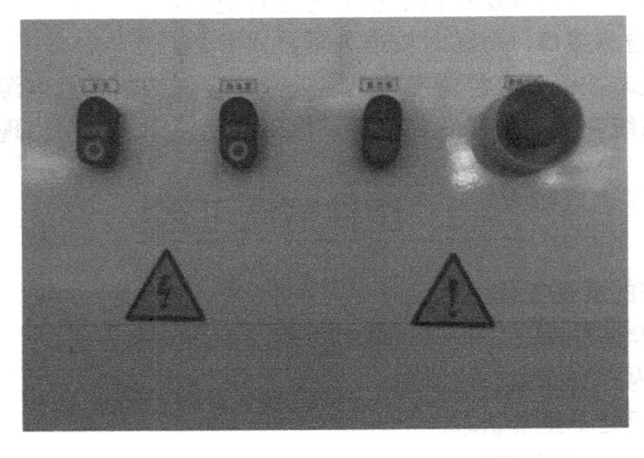

图 4-3　控制面板上的按钮

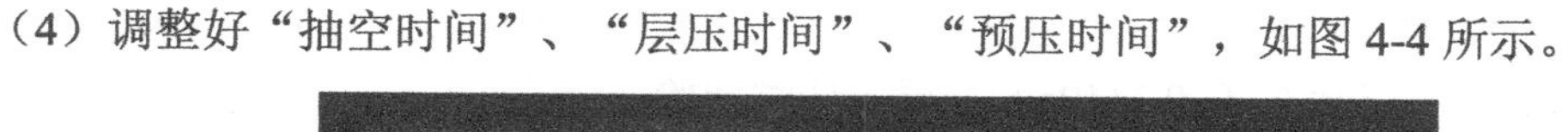

（4）调整好“抽空时间”、“层压时间”、“预压时间”，如图 4-4 所示。

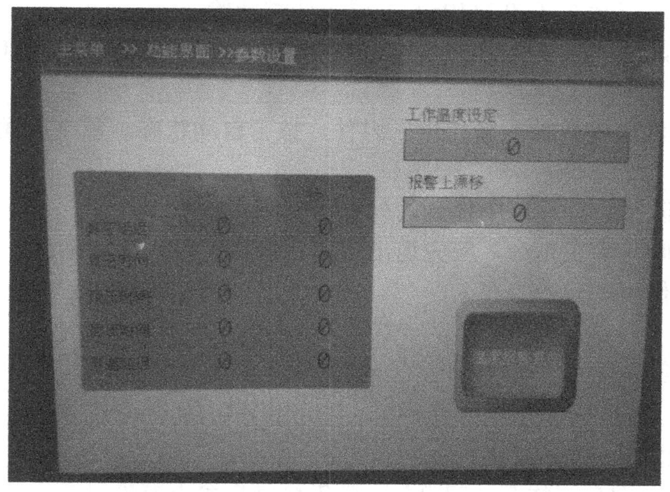

图 4-4　层压真空参数设置

（5）操作分为自动和手动两种。

① 自动

操作前题：温度必须达到设定温度（一般为 100～120℃）。

操作步骤：

a．打开真空泵按下真空开按钮；

b．将开关选择“自动”；

c．按住“合盖”钮，直至“合盖”指示灯亮；层压机开始自检，自检结束后，层压机上盖自动打开。上室真空状态（-0.1MPa），下室充气状态（0.0MPa），小心放置待层压的连接的好组件，上、下真空度的仪表的数字显示如图 4-5 所示；

图 4-5　上、下真空度的仪表和数字显示

d．按住“合盖”钮，直至“合盖”指示灯亮。合盖操作时一定要注意机器左右两边没有人和障碍物，以免造成事故；

e．上室和下室同时抽真空。待“抽空时间”到，上室停止抽真空，1s 后上室进行充气至 0MPa，下室仍处于真空状态（-0.1MPa）。层压计时开始；

f．层压时间到，上室恢复真空状态（-0.1MPa），下室进行充气至 0.0MPa，20～70s 后上盖自动打开。

g．取出太阳电池组件，放入新待层压组件，按下自动状态，重复上面的操作。

注意事项：

- 各按钮状态除了自动程序中提到的外不予响应；
- 如果要系统响应人工指令，应先退出自动状态，进入手动状态；
- 合盖可以起作用。

② 手动

操作前题：温度必须达到设定温度（一般为 100～120℃）。

操作步骤：

a．将状态开关选择“手动”；

b．检查下室是否为真空状态，如果是，则先充气直至下室恢复大气状态，按开盖按钮开盖。切记，下室真空状态不允许开盖，否则将导致设备损坏。

c．此时层压机上盖应在开的位置，按“真空开”，真空泵准备运转。开盖等待。

d．小心放置待层压的连接好的太阳能电池组件，合盖；

e．按下上真空钮和下真空钮，上下室处于真空状态；

f. 当真空达到设置要求时，关闭上真空，1s 后按下上充气，开始层压（时间 3min 左右）；下室仍为真空状态；

g．层压时间到，上室控制按下上真空状态，下室控制按下下充气，下室进行充气，待充气完毕后，按“开盖”，上盖开始打开，略滞后再松开“开盖”钮；

h．取出太阳能电池组件。

4.3 层压设备维护

1. 操作安全

（1）维修设备之前，须切断一切电源。

（2）加热板工作温度很高，接触后会引起严重烧伤。未经许可的员工请勿触摸加热板，正式员工放置和取出层压组件时必须佩戴绝缘绝热手套。

（3）在层压机开始关闭时，操作员双手必须远离层压机。建议操作员此时远离设备。出现紧急情况，请按紧急按钮。以上问题请操作员铭记在心，切勿冒险给自己和他人造成伤害。

（4）设备在工作状态下，所有非操作人员须站离设备 1m 之外。

（5）参观人员和/或非专业人员不得操作设备。

（6）本设备设有合盖按键，合盖压力巨大，切记下箱边框上不得放异物，以防意外伤害或设备损毁。

（7）开盖前必须检查下箱是否充气完成，否则不允许开盖，以免损坏设备及组件。

（8）面板上有紧急按钮，紧急情况按下，整机断电。故障排除后，按照按钮上的箭头方向旋转即可复位。

（9）本机如果经过一段时间不使用，开机后应空机运转几个自动循环，以便将吸附在腔体内残余气体及水蒸汽抽净，以保证层压质量。

2. 维护方法

层压机必须进行定期维护，既可防止过度磨损，又可避免设备出现故障。

（1）日常维护。

a. 检查并确保真空泵油位在规定范围之内，油位要尽可能高，只使用真空泵制造商建议型号的油；

b. 检查加热板和橡胶板上堆积的灰尘和层压板的材料，在冷却状态下，用无绒布擦干净；

c. 加热板上的残液可用丙酮或酒精擦除。切勿用利器擦除加热板上的 EVA 溶液，以免损坏其表面平整度，影响组件质量；

d. 为防止 EVA 残渣堆在加热板上，须在作业时加玻璃布进行隔离；

e. 下室加热板及下室其余空间要每班用高压空气吹除残留物，吹除时一定要关闭真空泵，防止异物进入。

注意：切勿在高温状态下清洗加热板，以免引起火灾和伤害。

（2）每周维护。

a. 检查顶盖 O 形环的状况的密封表面，是否有灰尘和划痕。如有必要用无绒布蘸上异丙醇进行擦拭；

b. 检查橡胶板是否有破损并及时擦洗；

c. 检查真空泵四角的灰尘和堆积的残余颗粒；

d. 检查所有的皮管和夹子，是否有松动。

（3）每月维护。

a. 上下真空放气阀腔体要定期用酒精刷洗干净，清除吸入的灰尘。

b. 要适当上紧上室气囊压条螺钉，以防加热后橡胶软化导致上下室之间漏气。

3. 故障及处理

维修和维护之前要切断一切电源。电气系统最常见的故障是连接松弛。在考虑有复杂故障之前，首先要检查电路是否连接好。

（1）真空度达不到设置值。

① 检查一下真空管道（包括接头）是否漏气；

② 密封胶圈是否严重磨损或老化；

③ 真空泵工作是否正常；

④ 检查上室和下室充气阀是否关闭严，若关闭不严，可能吸入灰尘，轻轻敲击或频繁开闭几次即可正常工作，否则，该充气阀已损坏，需更换。

（2）工作温度达不到设置值。

① 检查电热管是否断路，可用交流电压 250V 挡，测量固体继电器输出端（非电源端）是否有 220V 输出（脉冲型）；可在断电情况下用万用表检测三组加热器电阻是否均衡；

② 检查是否缺相，可用万用表检查固体继电器输出电源端一侧是否有 220V 电压；

③ 检查控制器；控制器是否损坏；若温度未达到设定值，控制器应输出 24V 直流控制电压，如没有则控制器损坏。

（3）开盖、合盖困难或者不动作。

① 检查气泵压力是否足够（一般为0.8～1.0MPa）；

② 检查气动管路极其连接件是否漏气；

③ 电磁阀工作是否正常，可用手动方法检查；

④ 检查汽缸是否损坏。

（4）上室层压时，真空度明显下降。

检查上室气囊橡胶板是否漏气，橡胶板压条螺丝是否松动。

（5）温度控制器不显示温度。

① 温度传感器损坏，在电热板上备有一个备用传感器，将原接线用备用传感器线连接即可；

② 温控控制器损坏，更换新件。

4.4 层压后的检查与应对措施

1. 检查

（1）检查组件内各电池片是否有破裂、裂纹、碎片；

（2）检查组件内是否有气泡，背板是否平整，是否有凹凸或褶皱现象；

（3）检查组件内是否有杂物和污物，如锡渣、破片、缺角、头发、细碎焊带手印等；

（4）检查组件内电池串之间、电池串与玻璃边缘、电池片与汇流条、汇流条与玻璃边缘等之间间距是否有明显位移；

（5）检查组件电池片是否有明显色差，检查涂锡焊带是否有发黄现象。

2. 原因分析

（1）组件中有碎片。

① 由于在焊接过程中没有焊接平整，有堆锡或锡渣，在抽真空时将电池片压碎；

② 本来电池片都已经有暗伤，再加上层压过早，EVA还具有很良好的流动性；

③ 在抬组件的时候，手势不合理，双手已压到电池片。

（2）组件中有气泡。

① EVA已裁剪，放置时间过长，它已吸潮；

② EVA材料本身不纯；

③ 抽真空过短，加压已不能把气泡赶出；

④ 层压的压力不够；

⑤ 加热板温度不均，使局部提前固化；

⑥ 层压时间过长或温度过高，使有机过氧化物分解，产出氧气；

⑦ 有异物存在，而湿润角又大于90°，使异物旁边有气体存在。

（3）组件中有毛发及垃圾。

① 由于 EVA、DNP、小车子有静电的存在，把飘在空气中的头发、灰尘及一些小垃圾吸到表面；

② 叠成时，身体在组件上方作业，而又不能保证身体没有毛发及垃圾的存在；

③ 一些小飞虫子死命地往组件中钻。

（4）汇流条向内弯曲。

① 在层压中，汇流条位置会聚集比较多的气体。胶板往下压，把气体从组件中压出，而那一部分空隙就要由流动性比较好 EVA 来填补。EVA 的这种流动，就把原本直的汇流条压弯；

② EVA 的收缩。

（5）组件背膜凹凸不平。

多余的 EVA 会粘到高温布和胶板上。

3. 处理办法

（1）组件中有碎片。

① 首先要在焊接区对焊接质量进行把关，并对员工进行一些针对性的培训，使焊接一次成型；

② 调整层压工艺，增加抽真空时间，并减小层压压力（通过层压时间来调整）；

③ 控制好各个环节，优化层压人员的抬板的手势。

（2）组件中有气泡。

① 控制好每天所用的 EVA 的数量，要让每个员工都了解每天的生产任务；

② 材料是由厂家所决定的，所以尽量选择较好的材料；

③ 调整层压工艺参数，使抽真空时间适量；

④ 增大层压压力（可通过层压时间来调整，也可以通过再垫一层高温布来实现；

⑤ 垫高温布，使组件受热均匀（最大温差小于 4℃）；

⑥ 根据厂家所提供的参数，确定层压总的时间，避免时间过长；

⑦ 应注重 6S 管理，尤其是在叠层这道工序，尽量避免异物的掉入。

（3）组件中有毛发及垃圾。

① 做好 6S 管理，保持周边工作环境的整洁，并勤洗衣裤做好个人卫生；

② 调整工艺，对叠层工序进行操作优化，将单人拿取材料改为双人；

③ 控制通道，装好灭蚊灯，减少小飞虫的进入。

（4）汇流条向内弯。

① 调整层压工艺参数，使抽真空时间加长，并减小层压压力；

② 选择较好的材料。

（5）组件背膜凹凸不平。

① 购买较好的橡胶胶板；

② 做好每次对高温布的清洗工作，并及时清理胶板上的残留 EVA。

项目五

层压后组件内部缺陷检测

学习要求

1. 掌握组件内部缺陷检测设备的操作与维护；
2. 熟悉设备的操作流程与要求。

太阳能电池板在焊接和层压的过程中，出现肉眼难以看见的缺陷，如印刷缺陷、隐裂，断栅等，利用电池的电致发光可以有效地发现电池片在扩散、钝化、网印、烧结、焊接和层压等各个环节可能存在的问题。这对改进工艺、提高效率和稳定生产都有重要的作用。因而太阳能电池电致发光监测仪被认为是太阳能电池生产线的“眼镜”。本章以 GEL-140 系列太阳能电池电致发光测试仪进行操作说明，如图 5-1 所示。

图 5-1　GEL-140 组件缺陷测试仪

5.1　EL 缺陷检测仪介绍

1. 原理与性能

给晶体硅电池组件正向通入 1～1.5 倍 I_{sc}（短路电流）的电流或者施加 1～1.5 倍的 U_{oc}（短路电压）后硅片会发出 1000～1100nm 的红外光，测试仪下方的摄像头可以捕捉到这个波长的光并成像于计算机上。因为通电发的光与 PN 结中离子浓度有很大的关系，因此可以根据图像来判断硅片内部的状况。

此设备测试系统的原理图如图 5-2 所示。该测试系统由直流电源、专用相机、专用测试软件及计算机组成。在正向偏压时给组件或电池片通以恒定电流，电池片或组件则会发出红外光，这是晶硅太阳能电池的一种特性。在大规模生产时。它可以利用电致发光的摄像测量技术而不使用其他任何探测工具，清晰地检测出太阳能电池和组件的缺陷。在常温下，组件有裂缝或瑕疵都可以在短时间内检测并显示出来。

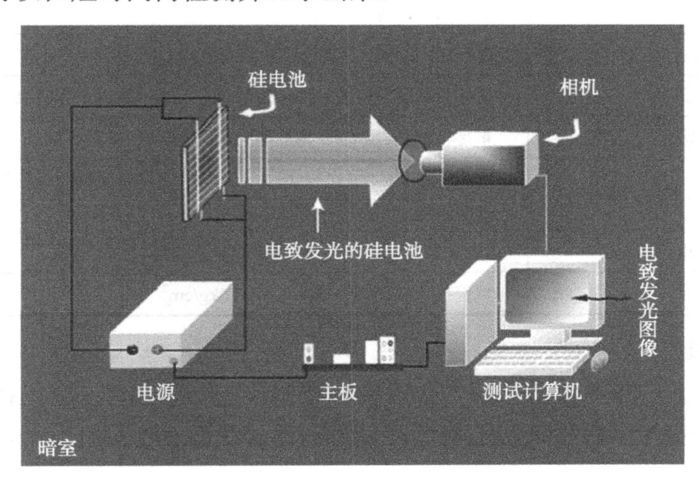

图 5-2　GEL-140 原理图

EL-140 相机特点：EL-140 采用 Sony 大面阵 2/3 英寸 CCD 图像传感器的高分辨率数字摄像机，EL-140 相机数据采集是 USB 2.0 接口，无须另外配置视频转换装置。安装简便，只需简单地安装配套的驱动和我们的图像采集软件即可实现实时预览和图像、视频的采集。采用高分辨率的 CCD 芯片，可以获得高清晰的图像。EL-140 相机性能指标如表 5-1 所示。

表 5-1　EL-140 相机性能指标

图像设备	2/3" Sony ICX285 CCD	读出噪声	8e-
分辨率	1360×1024 有效像素 色深 12bit	光谱响应	400～1000nm
像素点尺寸	6.45μm×6.45μm	数据接口	USB 2.0（480Mbps）
帧率	15fps @ 1360×1024	电源	DC 5V ± 5%
	12fps @ 640×480	电流	≈200mA
Bining	2×2，4×4	光学接口	标准 C 型
动态范围	72dB	白平衡	一键自动白平衡/手动
扫描方式	逐行	自动曝光控制	0.5ms～40min，自动曝光
工作温度	-10～75℃	制冷功能	半导体制冷模式，-20～50℃可选

EL-140 测试仪性能指标如表 5-2 所示。

表 5-2 EL-140 测试仪性能指标

适 用 范 围	层压前及层压后的检测
主要配置	测试机柜+计算机+专用软件
可测电池组件最大尺寸	1100mm×2000mm
直流稳压电源	最大电流 10A，最大电压 60V
像素	140×10^4
曝光时间	0～60s（可调）
工作环境温度	温度：0～50℃；湿度：10%～80%
拍摄效果（可调）	对各种不同规格的组件，通过调节可以拍摄到最佳效果
组件类型	单晶、多晶、非晶及薄膜等光伏电池
测试结果图像中反映的问题	①烧结缺陷；②材料缺陷；③断裂；④边沿短路；⑤隐裂；⑥工艺过程污染；⑦薄膜不均匀
设备电源	220～240V AC 10A 50/60Hz
设备气源	气管接口口径#6，气压 5.0～8.0kg/cm^2

2. 组成与功能

以下部分介绍了 GEL-140 太阳电池组件缺陷检测仪的主要部件及其他在测试过程中的功能。GEL-140 太阳能电池组件缺陷检测仪由以下四部分组成：计算机系统、相机控制系统、暗室和顶盖控制系统。

（1）计算机系统

计算机系统起到控制缺陷检测仪的运行以及交换数据的作用。计算机系统包括一个主机、显示器以及测试软件。

控制功能包括：启动测试、设置测试参数和显示测试结果。

（2）相机控制系统

GEL-140 所用的相机如图 5-3 所示。

图 5-3 GEL-140 所用的相机

GEL-140 系列太阳能电池组件缺陷检测仪使用专业的 CCD 照相机拍摄测试中的太阳能电池组件。温度控制系统用来控制工作温度，以保证使用条件不超过一定的温度。高清晰度的相机镜头可以拍摄更加清晰的图像。

（3）暗室

太阳能电池组件在进行电致发光测试时会发出红外光。为了避免其他物体光线的影响，GEL-140 太阳电池组件缺陷检测仪为测试提供了一个暗室。

GEL-140 有一个可以自动开启和关闭的盖子。在测试线连接之后关闭盖子可以在设备内部形成一个暗室，如图 5-4 所示，随后测试开始进行。

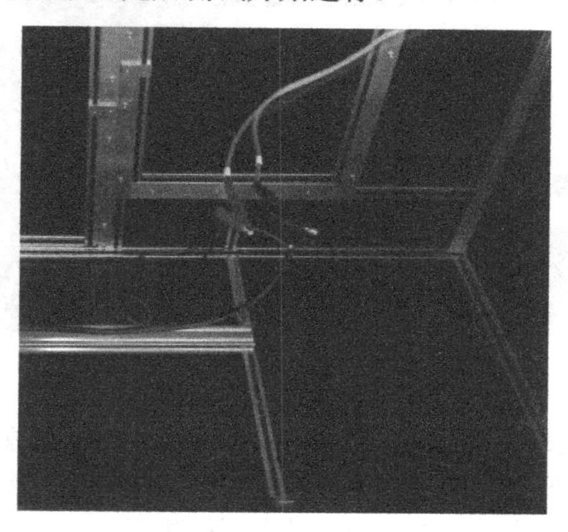

图 5-4 内部的暗室与测试电缆连接

（4）顶盖控制系统

GEL-140 通过一个开关制汽缸来卡其顶盖。顶盖控制开关如图 5-5 所示。

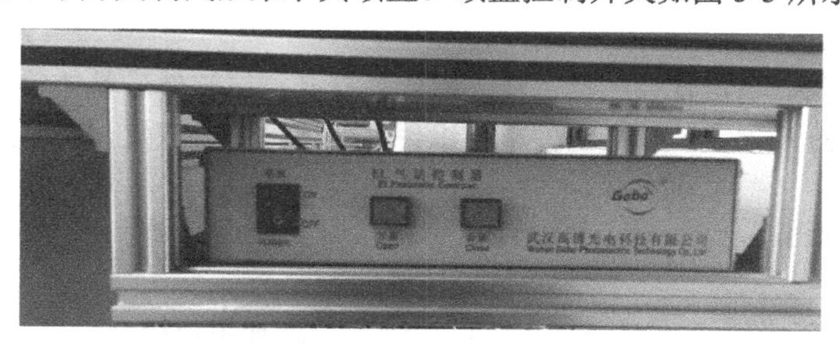

图 5-5 顶盖控制开关

5.2 电池内部缺陷检测流程

1. 检测步骤

（1）电缆连接

通过图 5-5 中的顶盖控制开关打开顶盖，组件的钢化玻璃那一面朝下放在可测试的区域内，红色的电源正极连接太阳能电池组件的正极，黑色的电源负极连接太阳能电池组件的负极。恒流源的正负极分别由红黑两根线引出，测试时无须调整，如图 5-6 所示。

（2）设定电压和电流值

根据组件标准条件测试下的开路电压和短路电流值设定 EL 测试是恒定电源给组件所加的电压和电流值（一般是 I_{sc} 和 U_{oc} 的 1～1.5 倍值）。

作为稳压电源使用是本产品的最基本的使用形式。通常，有固定和可调两种使用方法。

图 5-6　测试电压的设定

① 固定使用方法：在未接负载前。打开“电源开关”，将电源的“电压调节”设定在负载所需要的电压点上。按下“输出切断/复位”键，使输出切断，接上负载后，再弹开“输出切断/复位”键，使输出恢复正常，负载即可进入工作状态。

② 连续可调使用法：在未接负载前。打开“电源开关”，将电源的“电压调节”设定在较低的位置上。按下“输出切断/复位”键，使输出切断，接上负载后，再弹开“输出切断/复位”键，使输出恢复，渐渐调节“电压调节”，直至负载所需值。

（3）打开计算机

插入软件加密狗，单击软件图标，输入密码，打开测试软件，具体软件操作见后面的内容。保存完图片后打开顶盖，取出组件，将组件贴好标签分类放置，同时进行下一个组件的测试。

2. 软件操作说明

（1）软件启动

双击桌面 EL 软件图标，如图 5-7 所示，会弹出“选择用户级别”窗口，如图 5-8 所示。

图 5-7　软件进入现实图标

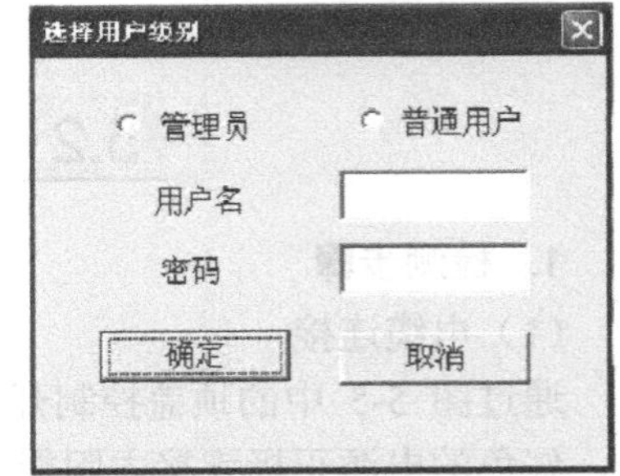

图 5-8　操作员管理界面

用户级别有管理员和普通用户两种类型。管理员的用户名：q；密码是：q。

普通用户的用户名：a；密码是：a。

单击“确定”按钮进入软件界面，如图 5-9 所示。

图 5-9 软件主界面

（2）打开摄像头拍照

在工具栏上，单击“连接”按钮，会弹出“图像浏览”窗口，如图 5-10 所示。

图 5-10 软件操作栏

单击“打开摄像头”按钮，如图 5-11 所示。此时镜头就开始摄取图像，如图 5-12 所示。

图 5-11 相机操作界面

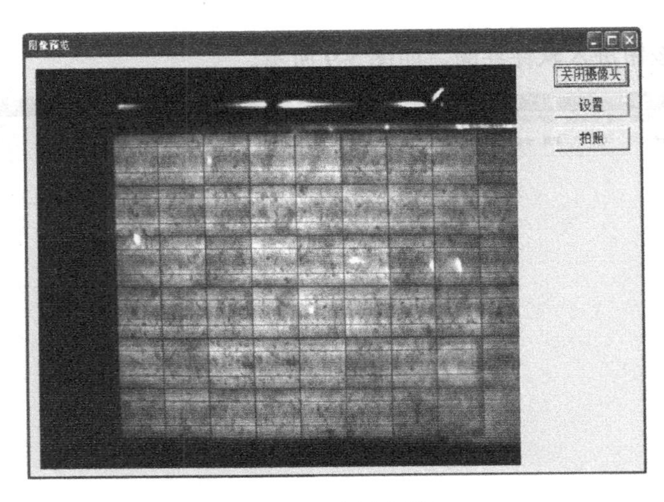

图 5-12　摄取图像

若此时的图像并不清晰，则需要在“设置”中对参数进行调整。

（3）参数设置

可以在采集之前根据当前条件对相应参数进行适当设置，从而达到所需结果，如图 5-13 所示。

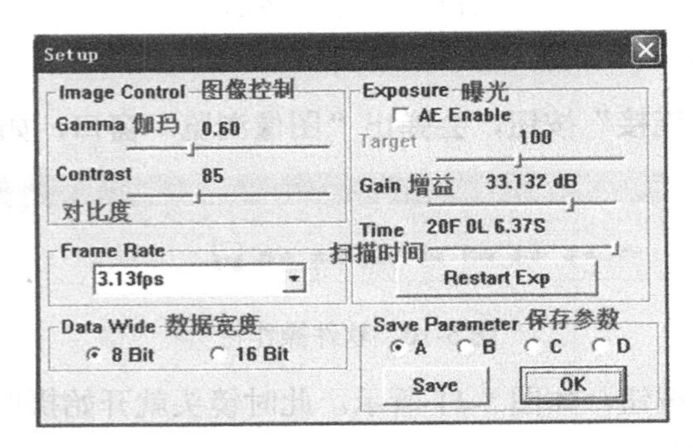

图 5-13　相机参数设置窗口

① Image Control（图像控制）。

Gamma（伽玛）：拖拽伽玛进度条，可调整图片的伽玛参数。最合适 GEL-140 系列测试仪的伽玛值在 0.65 附近。

Contrast（对比度）：拖拽对比度进度条，可调整图片的对比度。最合适 GEL-140 系列测试仪的对比度值在 105 附近。

② Frame Rate（频率）。

最合适 GEL-140 系列测试仪的频率值为 1.56fps。

③ Data Wide（数据宽度）。

可选为 8 位数据位数和 16 位数据位数，本系统强制位 8 位数据位数。最合适 GEL-140 系列测试仪的数据宽度值为 8bit。

④ Exposure（曝光）。

Gain（增益）：控制噪声是相机的功能之一，调节图像亮度增益。增益越大，其图像亮度越高。同时图像上的噪声也被放大。最合适 GEL-140 系列测试仪的增益值在 26.569dB 附近。

Time（扫描时间）：速度单位，μs（微秒）/ms（毫秒），一般使用 ms 作为单位。曝光时间越长，图像亮度越高，但容易在图像上出现噪声点。最合适 GEL-140 系列测试仪的扫描时间值在 9s 附近。

RES Exp（重置曝光）：本设备不需要设置此功能。

⑤ Save Parameter（保存参数）。

对所设置的参数进行保存，分为 A，B，C，D，共可保存四种类型参数。

注意事项：进行参数设置时，相机必须处于工作状态，否则无法设置成功。

（4）拍照窗口

在“图像预览”窗口中，单击“拍照”按钮，相机进行拍照状态，出现如图 5-14 所示照片。

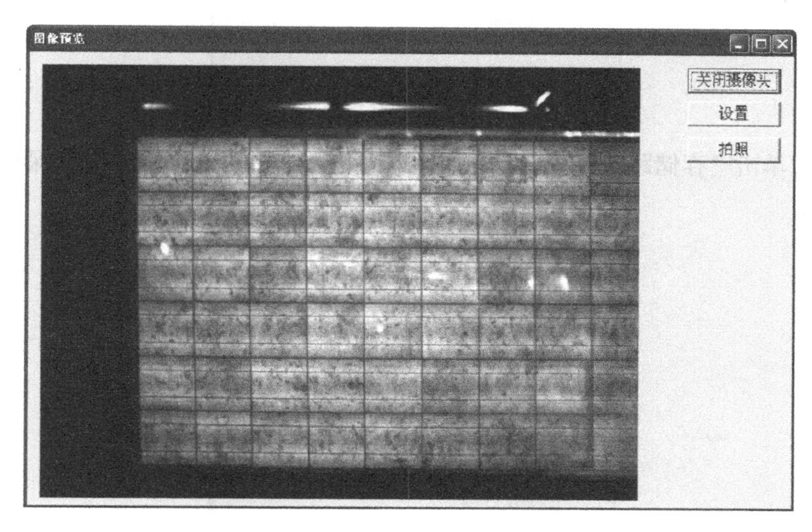

图 5-14　拍照窗口

拍照完成后将出现照片结果，如图 5-15 所示。

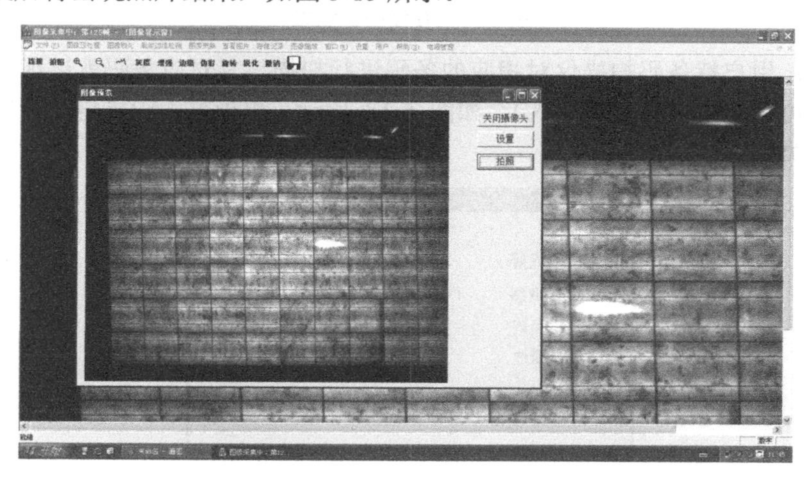

图 5-15　照片结果

若拍出的效果满意，则可以关闭“图像浏览”窗口，直接单击工具栏上的“拍照”按钮，也可以完成拍照动作。

注意：在两次拍照的时间要大于设置中的曝光时间。否则，第二次拍出来的照片会偏暗，影响拍出照片效果。

（5）图片保存

单击“图片保存”按钮或使用快捷键“Ctrl+S”，将弹出如图 5-16 所示对话框。

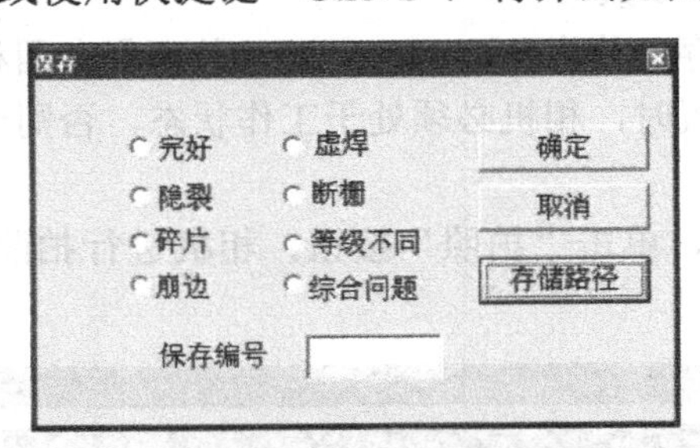

图 5-16　存储设置界面

存储路径：单击“存储路径”按钮，选择合适的路径，如图 5-17 所示，来保存拍照的照片。

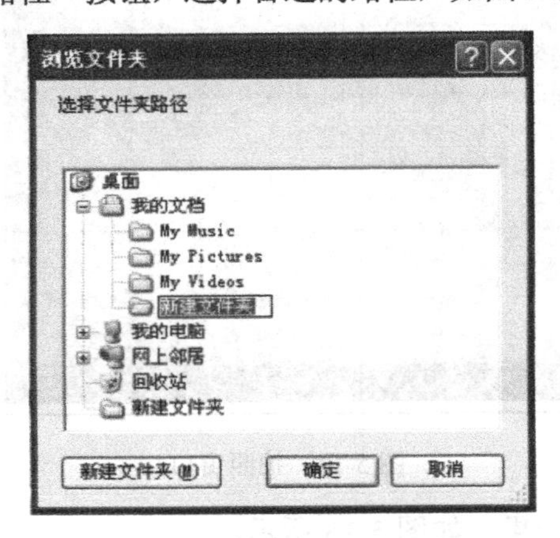

图 5-17　存储路径设置

保存编号：用户持条码扫描仪对相应的条码进行扫描，其对应条码就出现在图形编号输入窗口中（也可以使用键盘直接输入），如图 5-18 所示，再根据太阳能电池板完好与损坏情况进行具体分类。

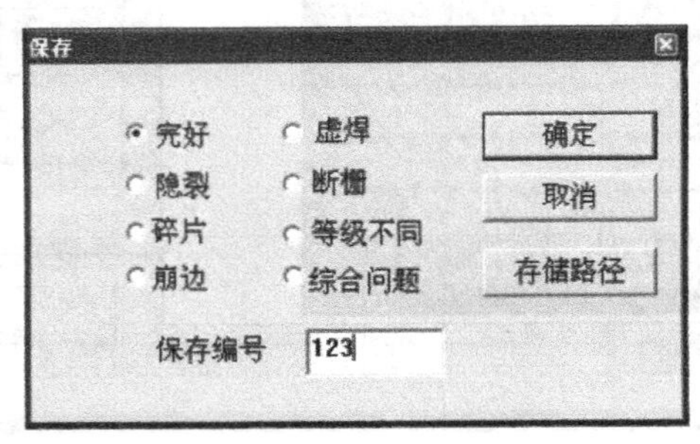

图 5-18　存储设置界面

单击“确定”按钮，保存图片，如图 5-19 所示。

图 5-19 确定保存

（6）查看图片选项

用户单击此选项，将出现如图 5-20 所示对话框，可根据需要进行图片查看。

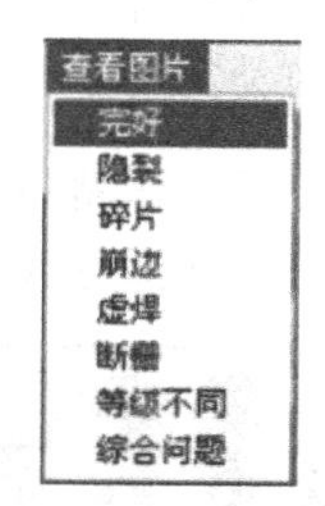

图 5-20 查看图片

（7）图像缩放选项

单击“图像缩放”选项，将出现如图 5-21 所示的对话框。

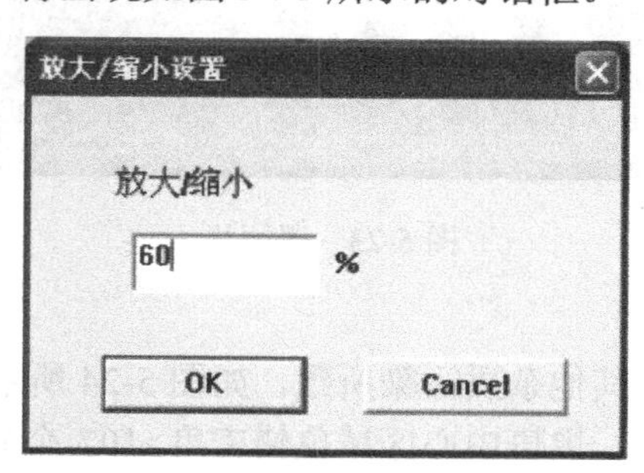

图 5-21 图片缩放

用户可填入具体放大比例数值对放大倍数进行调整，使照片变亮或者变暗，推荐调整为 60%左右为最佳观察状态。

（8）退出选项

单击“文件”→“退出”选项或单击软件窗口右上角的关闭按钮，退出软件。

5.3 检测结果的种类与分析

检测的缺陷种类及其产生原因

（1）缺陷种类一（黑心片）

EL 照片中黑心片是反映在通电情况下电池片中心一圈呈现黑色区域，如图 5-22 所示，该部分没有发出 1150nm 的红外光，故红外相片中反映出黑心，此类发光现象和硅衬底少数载流子浓度有关。这种电池片中心部位的电阻率偏高。

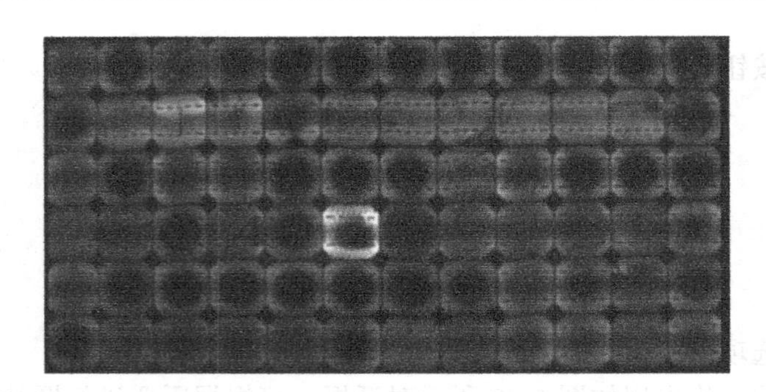

图 5-22　黑心片

（2）缺陷种类二（黑团片）

多晶电池片黑团主要是由于硅片供应商一再缩短晶体定向凝固时间，熔体潜热释放与热场温度梯度失配导致硅片内部位错缺陷，如图 5-23 所示。

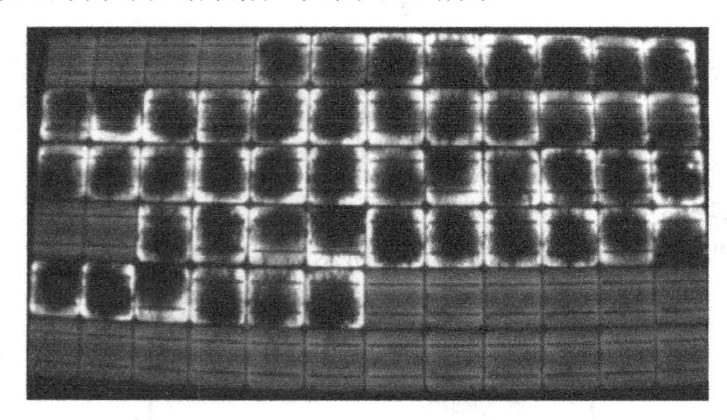

图 5-23　黑团片

（3）缺陷种类三（黑斑片）

黑斑片一般是由硅料受到其他杂质污染所致，如图 5-24 所示。通常少数载流子的寿命和污染杂质含量及位错密度有关。黑斑中心区域位错密度>107 个/cm^2，黑斑边缘区域位错密度>106 个/cm^2，均为标准要求的 1000～10000 倍这是相当大的位错密度。

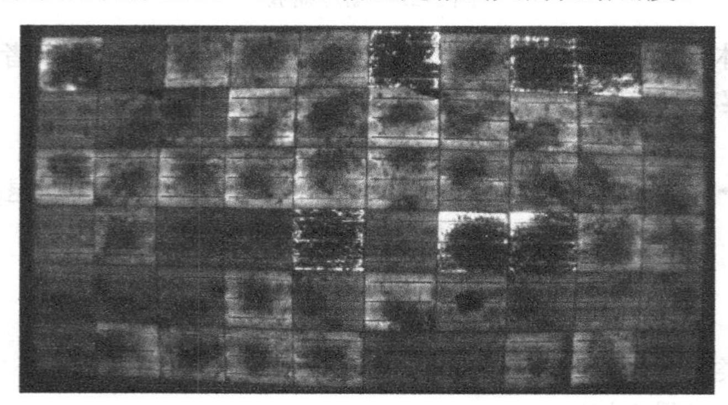

图 5-24　黑斑片

（4）缺陷种类四（黑片）

电池片黑片有两种，全黑的我们称之为短路黑片，如图 5-25 所示。通常是由焊接造成了短路或者混入了低效电池片造成的。而边缘发亮的黑片我们称之为非短路黑片，如图 5-26 所示。这种电池片大多产生于单面扩散工艺或是湿法刻蚀工艺，单面扩散放反导致在背面镀膜印刷，造成 PN 结反，也就是我们通常所说的 N 型片，这种电池片会造成 IV 测试曲线呈现台阶，整个组件功率和填充因子都会受到较大影响。

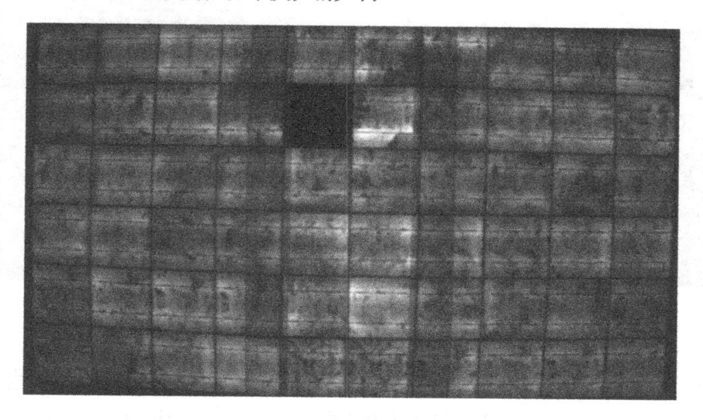

图 5-25 短路黑片

图 5-26 非短路黑片

（5）缺陷种类五（网格片）

网格片是由电池片在烧结过程中温度不当所致，网纹印属于 0 级缺陷，如图 5-27 所示的网格片组件可以判为 A 级品。

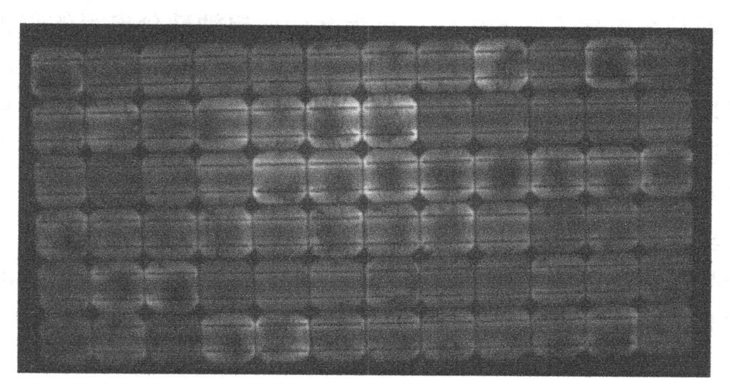

图 5-27 网格片

（6）缺陷种类六（断栅片，见图 5-28）

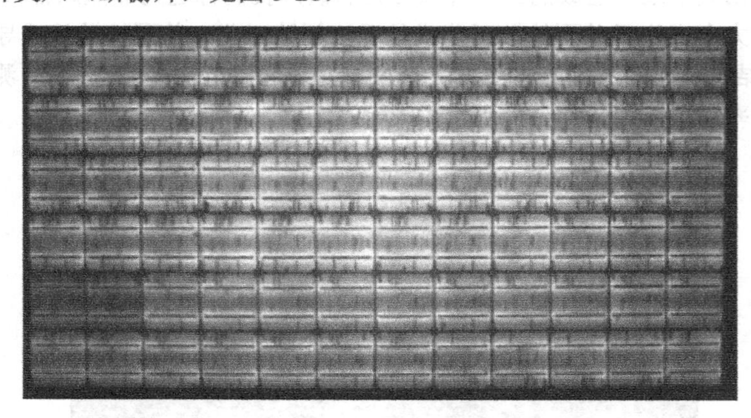

图 5-28　断栅片

电池片断栅是在丝网印刷时造成的，由于浆料问题或者网板问题导致印刷不良。轻微的断栅对组件影响不是很大，但是如果断栅严重则会影响到单片电池片的电流，从而影响到整个组件的电性能。

（7）缺陷种类七（过焊片，见图 5-29）

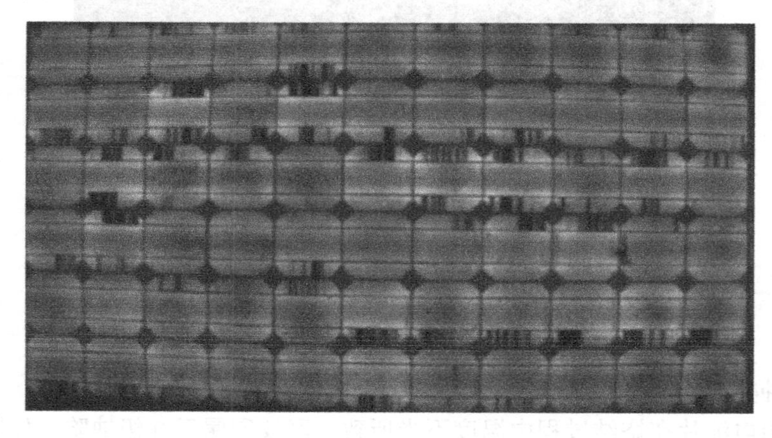

图 5-29　过焊片

电池片过焊一般是在焊接工序产生的，过焊会造成电池部分电流的收集障碍，该缺陷发生在主栅线的旁边。成像特点是在 EL 图像下，黑色阴影部分从主栅线边缘沿副栅线方向整齐延伸。栅线外侧区域，一般为全黑阴影。栅线之间一种是全黑阴影，另一种是由深至浅的过渡阴影。我们通过计算黑色区域的面积来判定缺陷的级别。

（8）缺陷种类八（明暗片，见图 5-30）

明暗片是由于转换效率不同的电池片混入同一个组件中，特别明亮的电池片是电流较大的电池片，电流差异越大，亮度的差异就越明显。混档会导致高档次的电池片在组件工作过程中不能彻底发挥其发电能力，从而造成浪费。

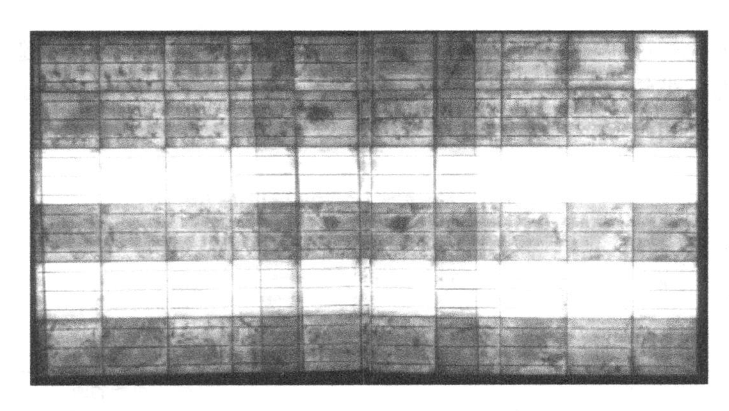

图 5-30 明暗片

（9）缺陷种类九（局部断路片，见图 5-31）

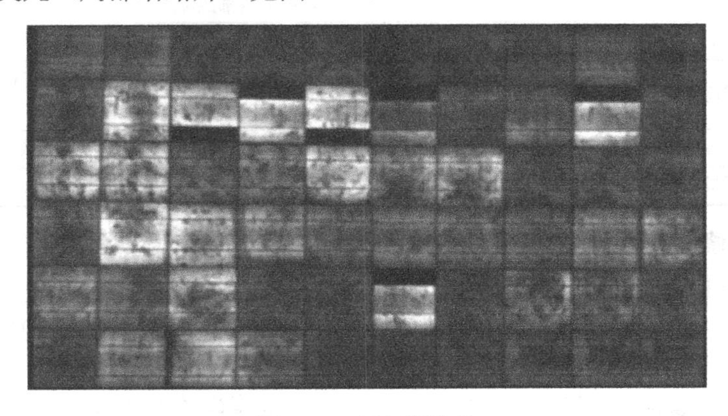

图 5-31 局部断路片

电池片沿着主栅线的一边全部为黑色表明这一边的电子无法被主栅线收集，通常是由于电池片背面印刷偏移导致铝背场和背电极印无法接触从而形成了局部断路。我们应该在层压 EL 前加强检验，及时将这种电池片挑出，防止流入后道工序。

（10）缺陷种类十（裂纹片、破片）

裂纹片的成像特点是裂纹在 EL 测试下产生明显的明暗差异的纹路（黑线）。裂纹可能造成电池片部分毁坏或电流的缺失。在 EL 测试下，如果表现为以裂纹为边缘的一片区域呈完全的黑色，那么该区域为破片。裂纹会造成其横贯的副栅线断裂，从而影响电流收集。而主栅线因有镀锡铜带相连，不会造成断路。根据此特性，各种裂纹造成的电池失效面积如图 5-32 所示。

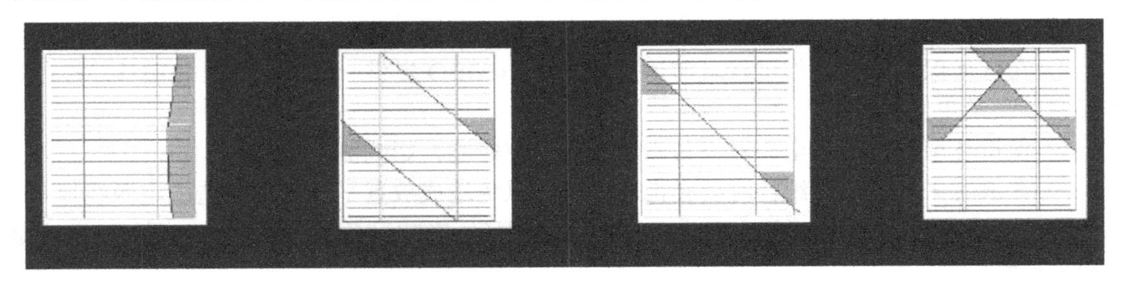

图 5-32 裂纹片、破片

由于产生隐裂片和破片的原因非常复杂，各种类型的外力因素均可能造成电池片裂纹甚至破片，因此很难寻求统一规律或得出确定性答案，因此一般只对有可能造成晶体硅电池组件隐裂纹或破片的原因做探索性分析。

5.4 EL 缺陷检测仪的维护

1. 常见问题的排除（见表 5-3）

表 5-3 常见现象及可能的原因

现　象	可能的原因
无任何指示和显示	1. 电源插座上无交流电压 2. 稳压电源上的熔断器断 3. 稳压电源内部故障
“稳压/稳流指示灯”为红色，无输出电压	“电流调节”旋钮被调到了最小
输出电压和电流不足或偏大	1. 电源内部控制线路板上的 RCV 或 RCC 小型电位器发生偏移 2. 指示电表发生偏移
调“电压调节”或“电流调节”时，电压或电流有跳变现象	“电压调节”或“电流调节”电位器不良
一开机电压表就指示到最大，调稳压旋钮不起作用	电源内某只大功率管被击穿

2. 保养和维修

（1）无输出图像

“无输出图像”是使用时非常常见的错误。以下情况可能是导致图像输出失败的原因。

① 软件原因。

曝光时间过短：太阳能电池组件需要一些时间来响应供给的电流，因此它需要一些时间发光，然后输出图像。较大尺寸的组件需要更多的时间来完成图像输出。在未规定使用一定的曝光时间之前，建议使用实验最佳曝光时间（使用最少的时间得到清晰的图像）。

② 硬件原因。

光圈：相机的光圈应调整到最高值。请检查确认相机的光圈是最大值，而不是最小值。

③ 其他原因。

熔断器烧坏：切断电源后更换熔断器。

连接失败：错误的连接或连接口损坏。

劣质的太阳能电池组件：劣质的组件发出的光非常微弱或几乎没有。在这种情况下，使用 IV 曲线检查组件。

（2）保养

① 在任何保养维护工作进行之前请关闭电源。GOBO 提供一年的免费维修服务。若有任何问题请联系我们的技术人员。

② 保持环境洁净。灰尘会对设备光学系统产生影响，影响测试效果。

③ 在放置平台上推动组件时要轻推，轻拉，以免造成放置平台损坏或造成电源线掉落。

④ 设备需接地，以防止静电对设备主板造成损坏，影响设备使用。保持电源稳定防止破坏相关电路。

⑤ 使用材质好的面料和酒精定期对相机的镜头进行擦拭。

组件的装框与接线盒的安装

学习要求

1. 掌握组件装框的工艺流程；
2. 熟悉装框设备的操作与维护；
3. 学会组件接线盒的安装与调试。

太阳能光伏组件在层压后经过内部缺陷检测合格后，就进入装边框、装接线盒的工序。装边框就是给层压好的组件，经过修边后装上铝合金边框，增加组件的机械强度，缝隙处再涂上专用硅胶，进一步密封光伏组件，从而起到延长电池的使用寿命。

6.1 组件装框工具与设备介绍

组件装框工序常用的工具和设备主要有：手动胶枪、气动胶枪、太阳能专用密封硅胶、打胶工作台、橡胶锤及自动装框机等。

1. 手动胶枪和气动胶枪

手动胶枪和气动胶枪是在铝合金边框上涂覆和填注硅胶的辅助工具，其外形图如图 6-1 所示。手动硅胶枪通过手掌的拉压完成硅胶的填涂工作，而气动硅胶枪是通过空气压缩机中的空气压力来挤压硅胶的，从而完成硅胶的填涂工作。

图 6-1　手动胶枪和气动胶枪

2. 太阳能光伏组件专用密封胶

太阳能光伏组件专用密封硅胶是一种中性单组分有机硅密封胶，如图 6-2 所示。室温固化，深层固化快，具有不腐蚀金属和环保的特点，是专为光伏组件黏结密封而开发的一款产品。产品阻燃性能达到 UL94-V0 最高级别，完全符合欧盟 RoHS 环保指令要求。

图 6-2 太阳能光伏组件专用密封硅胶

（1）太阳能专用硅胶特点

① 固化速度快：室温中性固化，深层固化速度快，对组件表面的清洁工作可在大约 3h 后进行；

② 密封效果优越：对阳极氧化铝、玻璃、TPT/TPE 背材、接线盒塑料 PPO/PA 材料具有优越的黏附、密封性能，与各类 EVA 有良好的相容性；

③ 工艺性优良：具有独特的流变体系，良好的触变性和耐形变能力；

④ 耐侯性优良：防潮、防腐蚀、耐老化、耐紫外线辐射、防水性能优良，并具有较低的水蒸汽渗透率等；

⑤ 抗冲击性优异：具有抗震、抗机械冲击和热冲击功能，并具有极佳的电气绝缘性；

⑥ 耐高低温，在-50～220℃范围内性能变化不大；

⑦ 卓越的耐黄变性能，胶体超级耐黄变，经 85℃高温高湿测试，胶体表面未见明显黄变。

⑧ 环保级别高：无毒、无污染、无溶剂、无腐蚀、安全环保，已通过欧盟 RoHS 标准，即安全又环保；

（2）太阳能专用硅胶的应用

① 主要适用于太阳能电池组件铝框、塑料边框的密封；

② 接线盒与 TPT/TPE 背膜的黏结密封；

③ 太阳能灯具的黏结密封；

④ 可以使单晶硅、多晶硅和非晶硅不受到污染氧化而起到保护作用。

3. 打胶工作台

打胶工作台的外形图如图 6-3 所示，外形尺寸一般约为 180cm×120cm×80cm。整体框架结构采用优质铝合金型材制成，脚底采用高度可调式脚垫，可以根据需要调整台面的高度（最大可调高度为 5cm），台面采用的是防撞击和防静电的胶垫。

4. 橡胶锤

光伏组件装框后如发现有些不平整的地方，这时就需要用橡胶锤来进行调整。所用的橡胶锤的外形如图 6-4 所示，橡胶锤的质量一般为 1kg 左右，主要用于自动装框后的修整和找平工作。

图 6-3　打胶工作台

图 6-4　橡胶锤

5. 自动装框机（见图 6-5）

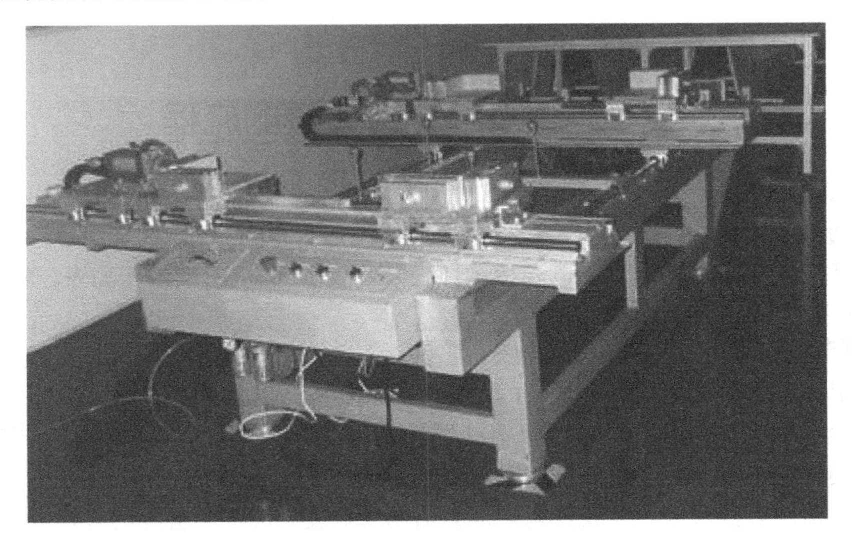

图 6-5　自动装框机

（1）设备特点

① 组框、压接为一体，四角同时矫平；

② 长、宽尺寸无极可调，独特的定位锁。

（2）主要用途与适用范围

太阳能光伏组件自动组框机是角码铆接式铝合金矩形框组装的专用设备，由汽缸、铝合金型材、直线导轨及钢结构组装而成，可以实现组件层压完毕以后，对组件的铝合金边框挤压定位，然后使用气压动力将铝合金边框固定，在一台设备上实现了组框、铝合金边框固定，从而简化了工人的作业强度，节约时间，提高产品质量。适用于多种型材端面。整机结构设计合理、刚性高、调整范围大，满足用户不同组框尺寸要求。

（3）主要技术参数

① 最大组框外形尺寸（四角）：2000mm×1050mm×（35～50）mm。

② 最小组框外形尺寸（四角）：600mm×500mm×（35～50）mm。

③ 组框精度：对边尺寸之差±1mm，对角线尺寸之差 1.5mm。

④ 组框动力：气压动力（气压 0.5～0.8MPa）。

（4）设备功能

适用于铝合金边框一角部位使用角码的连接方式。铝合金的长短边条如图 6-6 所示。

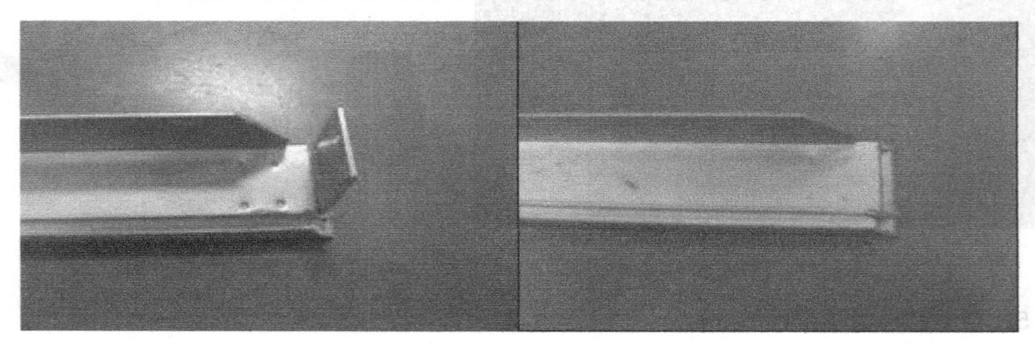

图 6-6 铝合金的长短边条

6.2 组件安装铝合金框的流程

1. 准备工作

（1）装边框时首先应戴好手套，检查电源连接线是否正确完好；

（2）打开气泵和装框机电源（电源指示灯亮），观察装框机的气压压力表，将装框机压力调到 6～8kg 以内。

2. 预调节装框尺寸

（1）使用“调节手柄”，将锁紧汽缸调整到伸出状态，通过锁紧汽缸将装框机的横向和纵向锁紧。将电器箱上的操作开关打到“手动”状态。手动调节“横向”和“纵向”旋钮，使装框机的横向工作汽缸和纵向工作汽缸处于伸出状态（即工作状态）；

（2）开始预调装框尺寸，一般预调装框的横向（宽度）尺寸比实际的装框尺寸小 1mm 或与实际尺寸相等，纵向（长度）尺寸比实际装框尺寸小 5mm（即预留尺寸为 5mm）。例如：需要装的框的实际尺寸为 808mm×1580mm，在预调装框尺寸时，将装框机装框区的横向尺寸调整到 807mm 或 808mm，装框区的纵向尺寸调整到 1575mm。

（3）通过调整横向和纵向调节手柄，使锁紧汽缸处于非锁紧状态，调整装框区的尺寸到理想状态（在这一过程中，要一直保持“横向工作汽缸”和“纵向工作汽缸”处于伸出状态）。装框尺寸达到理想状态后，再次调节横向和纵向调节手柄，将装框机的横向和纵向锁紧。调节“横向”和“纵向”旋钮，使两个方向上的工作汽缸复位。

3. 试装框

（1）取一张镶好的铝框的组件正面朝下平放于装框机上压紧；

（2）目测装框效果和四边紧密度，如有必要应用橡胶锤和环氧树脂板人工进行整形；

（3）装框设备有自动操作和手动操作两种模式，使用方法如下：

① 自动操作方法：将电器箱旋钮打到自动方式，保持“横向”和“纵向”旋钮处于打开状态，用脚踩住“脚踏开关”进行装框，装框完成时，再松开脚踏开关，使工作汽缸复位；

② 手动操作方法：将电器箱旋钮打到手动方式，手动旋转“横向”和“纵向”旋钮进行装框。

（4）试装完成后，先不要将工作汽缸复位，观察装框效果，如发现装出的框在某个方向上有不均匀的间隙。反复操作调节，直至装出的框达到理想状态，试装框完成，试装框结束后，装框机已被调整到最佳状态，即可进行装框生产。

4. 进行装框操作

（1）对铝合金边框进行首批检验，不合格的铝合金边框统一整齐地放置在铝合金存放架的最下层，并标明不合格原因，如图 6-7 所示。

图 6-7　铝合金边框的检查

（2）检查凹槽内有无异物，在合格、洁净的铝合金的凹槽内用气压枪均匀地打上适量的硅胶，如图 6-8 所示。硅胶的使用量要占铝合金凹槽的体积的 50%，硅胶均匀连续，要和凹槽的两面都接触。

图 6-8　铝合金边框的打胶

（3）装框前对组件进行外观检查，如有修边不彻底，用刀修掉，两人将待装框组件抬四角放到装框桌的桌面上，此过程两人动作要一致，同时将边框装在组件上面，如图 6-9 所示。

（4）去掉固定汇流带的胶带，并向前撸直，先装长边，一人扶好组件，另一人拿上两根已经打过硅胶的长边框，装边框前要仔细检查边框是否合格，边框槽内的硅胶是否达到要求，如图 6-10 所示。

图 6-9 组件的搬移

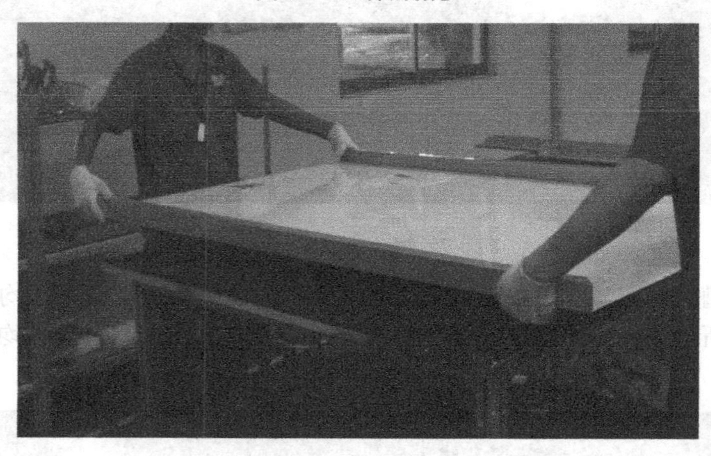

图 6-10 安装铝合金长边

（5）两人同时将两根长边框装在组件上面，装边框时禁止将边框放在背板上，以防止铝合金的边条划伤 TPT 背板纸，划破的 TPT 背板纸如图 6-11 所示。

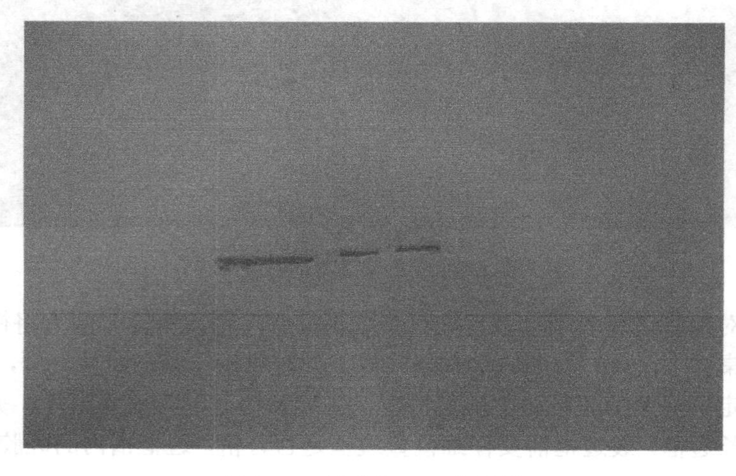

图 6-11 划破的 TPT 背板纸

（6）拿上两根短边框，两人同时将短边框的卡角卡进长边框的卡槽内，用力推进去，装短边时一定要将卡角卡进长边框的卡槽内，如图 6-12 所示。

图 6-12　安装铝合金短边

（7）确认装好后，两人将卡好边框的组件抬到装框机上，打到自动状态，在机器泵启动及操作过程中，严禁用手触摸组角刀及组角区域的零件，以及运动中的链板，以免挤伤手指，手动/自动的切换如图 6-13 所示。

图 6-13　手动/自动的切换

（8）装框机将卡角挤压后，两人将装框好的组件抬至补胶工作台，不得倾斜且注意方向正确，观察背板和铝合金交接处，在交接处补上适量硅胶，补胶均匀平滑，无漏补，补胶时在背板和铝合金交接处气压枪筒与背板呈约 45° 角，与交接线呈 45° 角，斜口（如图 6-14 所示）向喷嘴运动方向，注意保持背板的清洁。

图 6-14　结合边缘的补胶

注意事项：① 接通电源后，如装框机电源不亮，请检查急停按钮是否被动过，没有达到复位状态。

② 各汽缸的调速接头在出厂时已经过严格调整，在调试过程中非特殊情况请不要自行调试。

③ 在装框过程中如发现纵向工作汽缸与横向工作汽缸的响应时间过长或过短可打开电器控制箱，将时间继电器的设定时间缩短或延长来解决。

④ 选用手动操作方式装框时，要先使横向汽缸推进后，再使纵向汽缸推进。

6.3 组件接线盒的安装

（1）检查接线盒是否有缺陷，正负极是否与组件匹配，二极管极性正确与否，是否松动。

（2）在引出线的根部和接线盒的背面轮廓上均匀地打上适量的硅胶。

（3）把接线盒粘连在组件背板规定的居中位置，并把汇流带插进接线盒，如图 6-15 所示，汇流带引入接线盒要平直整齐、无松动。

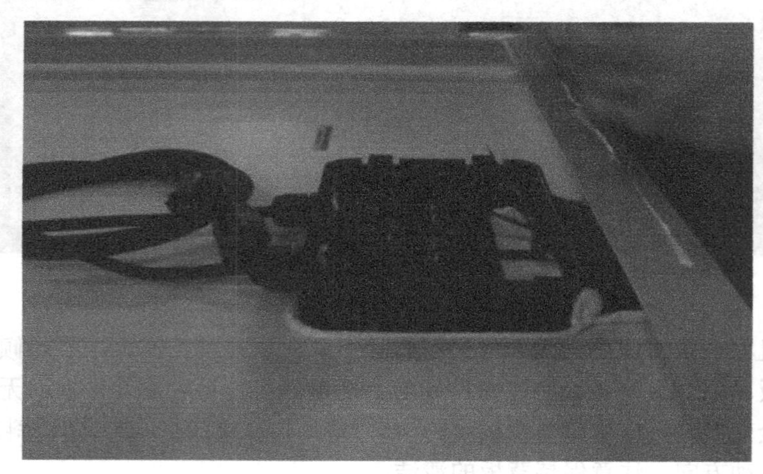

图 6-15　汇流带的插入

（4）将汇流带卡入接线柱，并用螺丝刀拧紧固定螺丝，如图 6-16 所示。

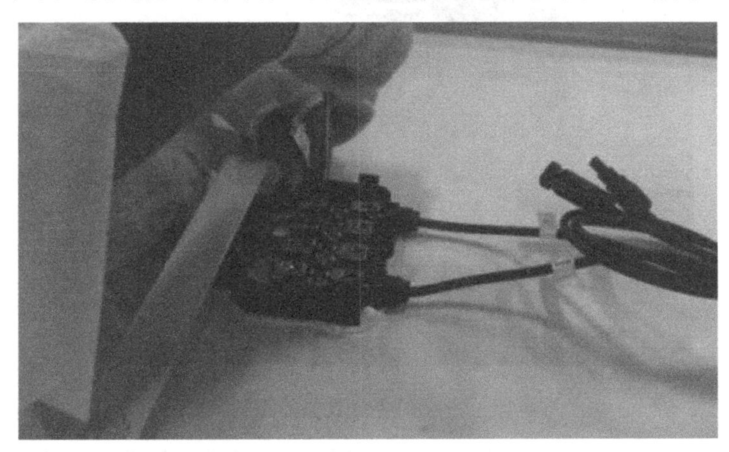

图 6-16　汇流带的固定

6.4　组件清洁

1. 清洁的目的

（1）对已装框的电池组件进行清洁处理，以保证成品的外观质量。

（2）拆掉铝合金保护膜。

（3）对打胶的缺陷，重新进行补修。

2. 清洁步骤

（1）将组件抬至清洁工作台上，背面向上。

（2）检查背板与铝合金边框之间的硅胶是否有空洞气泡、TPT 是否划伤，如图 6-17 所示；

图 6-17　表面气泡和划伤检查

（3）将组件的铝合金边框上的塑料薄膜剥掉，然后观察背面铝合金是否有缺陷，如图 6-18 所示。

（4）清理铝合金边框上残留的硅胶和其他污物。

图 6-18　去除铝合金表面的塑料薄膜

（5）观察 TPT 有无脏污，有则用干净布沾酒精轻擦干净，如图 6-19 所示。

图 6-19　TPT 表面检查

（6）用钢锉锉掉铝合金边框交接处的毛刺和飞边，同时防止被锉过度，如图 6-20 所示。

图 6-20　铝合金交接处的平滑处理

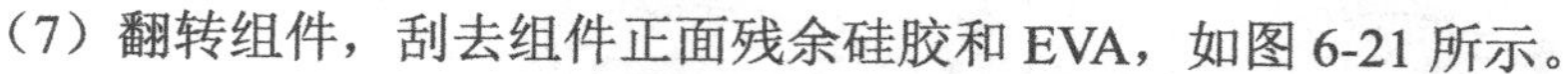

（7）翻转组件，刮去组件正面残余硅胶和 EVA，如图 6-21 所示。

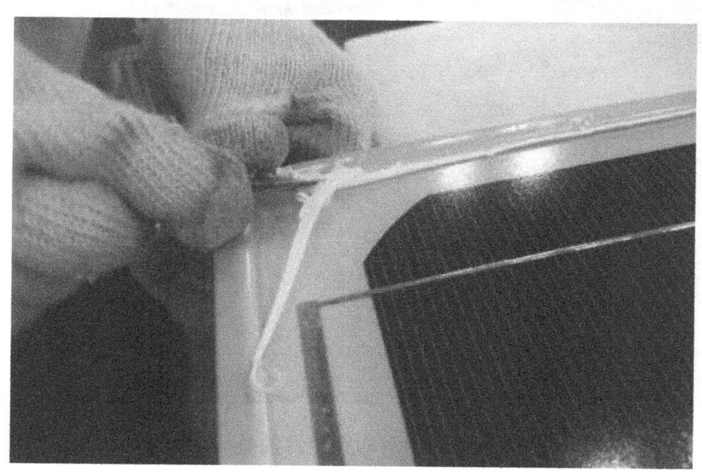

图 6-21　去除组件正面残余硅胶和 EVA

（8）用干净布沾酒精擦洗干净组件正面及铝合金边框，再用清洁干布擦拭，如图 6-22 所示。

图 6-22　铝合金边框的清洁

（9）观察组件正面焊带、电池片、铝合金、钢化玻璃等有无质量问题。

（10）翻转组件，将清洁过的组件堆放在垫有瓦楞纸的木托盘上，存放在规定位置。

（11）每完成一个托盘需清理工作台面，做到台面及周围环境清洁有序。清洁完组件的叠放如图 6-23 所示。

3. 工艺要求

（1）存放达到 4h 以上的合格组件方可清洁。

（2）清洁过的组件表面包括 TPT、边框、玻璃面上不得有任何硅胶、脏污残余痕迹。

（3）组件整体外观干净明亮。

（4）TPT 完好无损，光滑平整，表面无其他人为斑迹。

（5）整个过程不得损坏铝合金边框的钝化膜和划伤钢化玻璃。

（6）清洁过的组件一般 20 块为一组，按功率、型号整齐叠放。

图 6-23　清洁完组件的叠放

4. 注意事项

（1）工作台的表面确保清洁无杂物、酒精、布具等物品摆放有序。

（2）钢化玻璃和铝合金交接处不能用尖锐物品伸进去清洁。

（3）轻拿轻放，组件叠放时不可出现一块组件的边缘撞击另一块组件的 TPT 的情况。

（4）铝合金和玻璃上不能用尖锐物品清洁。

项目七 组件成品性能测试

学习要求

1．熟悉组件光电性能检测设备；
2．掌握组件光电性能检测设备操作与维护。

组件清洁完成硅胶固化后，进入测试环节，组件测试主要是对组件进行电性能的测试和耐压绝缘性能的测试。如果还需要对组件的其他性能进行测试，则可以根据需要进行其他各项性能的测试，例如机械强度测试、抗撞击力测试、耐老化测试等。

7.1 组件光电性能检测设备介绍

专门用于太阳能单晶硅、多晶硅、非晶硅电池组件电性能测试的设备种类比较多，但其测试的原理和方法步骤基本差不多。在此我们以常用的高博 GSMT-B“太阳能电池组件（卧式）测试仪”（见图 7-1）为例进行详细说明。

图 7-1 太阳能电池组件测试仪

高博 GSMT-B 太阳能电池组件（卧式）测试仪是一种高可靠性、高精度的太阳能电池组件测试专用设备。设备采用大功率、长寿命的进口脉冲氙灯作为模拟器光源，进口超高精度四通道同步数据采集卡进行测试数据采集，专业的超线性电子负载保证测试结果精确。适合于太阳能光伏组件生产厂家用作太阳能电池组件的测试及分析检测。

1. 主要测试指标

- 最大可测组件电池尺寸：1100mm×2000mm。
- 光源：高能脉冲氙灯。
- 光强可调范围：70～120W/cm^2。
- 光管寿命：≥100,000 次。
- 光均匀度：±3%。
- 测量范围和精度：电压 0～30V ±0.1%；
  0～60V ±0.1%；
  电流 0～2A ±0.1%；
  0～20A ±0.1%。
- 测量误差：≤2%。
- 重复测量误差：±1%。
- 标准系统配置：卧式测试台+PC 机+专用测试软件。
- 电源要求：220V/50Hz/2kW。
- 重量：320kg。
- 外形尺寸：850mm×1500mm×2460mm。

2. 主要功能

- 可测量（显示）参数：

I—V 曲线、P—V 曲线、短路电流 I_{sc}、开路电压 V_{oc}、峰值功率 P_m、最大功率点电压 V_m、最大功率点电流 I_m、填充因子 FF、电池效率 η、测试温度 T、串联电阻 R_s、并联电阻 R_{sh}、逆电流 I_r。同时还可以通过鼠标显示曲线上任意点对应的电流、电压和功率参数。

- 专业开发的线性扫描电子负载在保证测量结果准确的同时，还能保证整个测量范围内的测量线性误差在±2%以内。
- 软件设计简洁实用，校标时只需校正相关系数即可。
- 光源采用目前国际流行的脉冲氙灯模拟器光源，用抛物面反射装置实现高均匀度的模拟太阳光，从而避免了因稳态阳光模拟器带来的温度对测试结果的影响。
- 进口脉冲氙灯，确保测试光源的光谱正确，使用寿命长。
- 语音报数功能，根据需要用语言报出相关测量参数，便于提高测量功效和降低破损率。
- 单体电池测量采用四线连接，确保测量准确。
- 每次测试时间间隔小于 5s，测量迅捷。
- 人机互动界面，操作更人性化。

3. 太阳能电池组件（卧式）测试仪的环境要求

太阳能电池组件（卧式）测试仪场地要求大于 3m×5m；高于 2.5m 的专用测试室；房间照度小于 100lux；房间内应安装冷暖空调，使室内气温稳定在 25℃左右；电源配备 220V/2kW，且连接方便。特别注意须有保证设备能可靠接地的接地装置；须有足够面积的与测试室相通的待测电池暂存间，以保证待测电池组件测试时与测试室温基本相同。

4. 设备的连接与调试

太阳能电池组件（卧式）测试仪由测试仪主机、计算机、显示器及打印机等部分组成。

（1）电气连接

将测试信号线接到设备的四芯军用插头上；将三芯的电源线接口端接到设备上；将 15 芯信号控制线和 25 芯信号线的两端分别与测试仪主机，计算机主机连接好，并锁定固定镙丝；将打印机及显示器等计算机外设与计算机连接好；将上述设备的电源连接好。设备线的连接如图 7-2 所示。计算机连接线和设备接地端如图 7-3 所示。

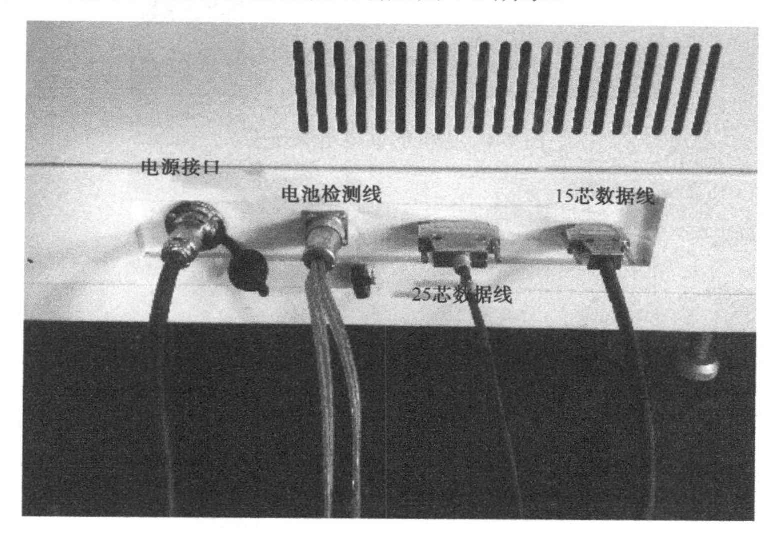

图 7-2 设备线的连接

图 7-3 计算机连接线和设备接地端

（2）设备的调试

打开测试仪主机的供电电源，如图 7-4 所示，打开测试仪两端的柜门检查机内接触器应吸合，检查风机是否正常运行。

打开计算机电源，启动计算机运行，检查计算机系统是否正常，安装并保证数据采集卡、打印机等所有计算机设备驱动正常；在计算机的 USB 口插入加密狗（见图 7-5），启动运行太阳能电池组件测试仪测试程序，检查软件有无冲突或错误报告。

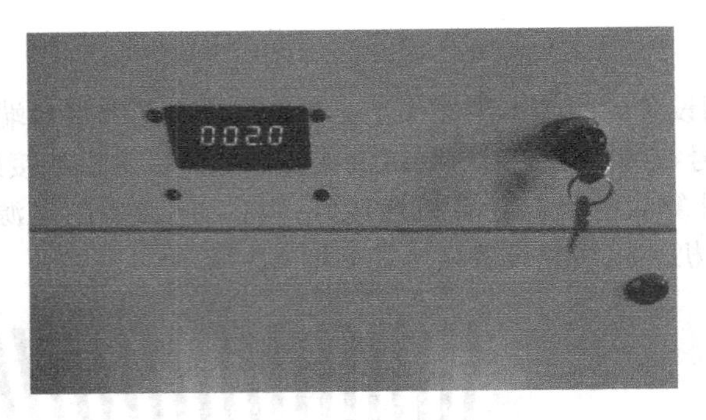

图 7-4　主机的供电电源开关

图 7-5　与打开软件对应的加密狗

启动运行测试程序，单击“电池板测量”按钮，然后单击“控制面板”按钮，出现如图 7-6 所示界面。

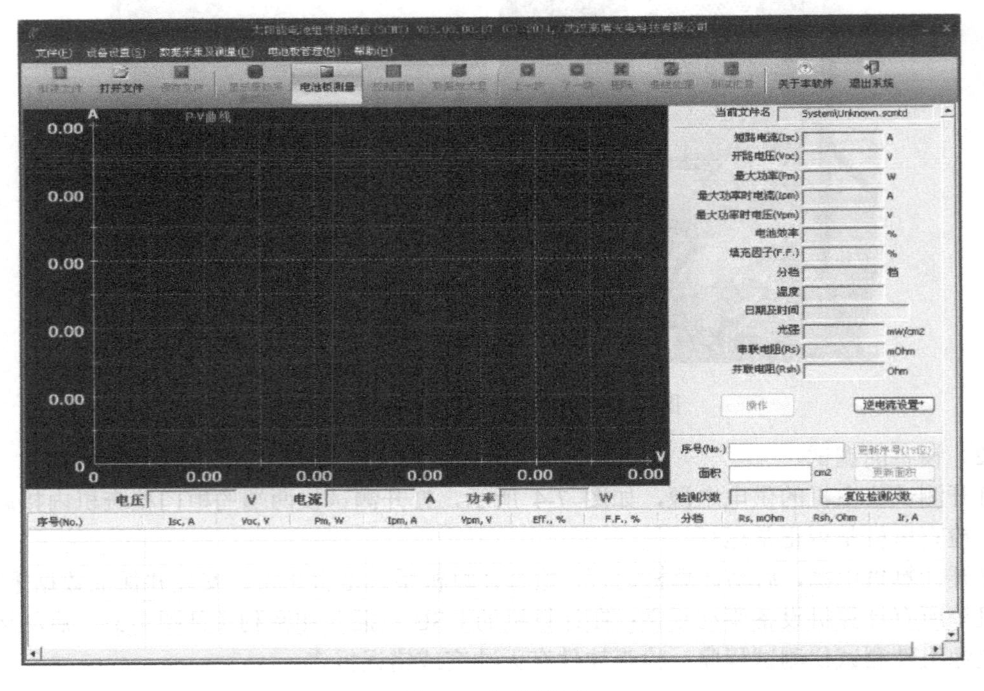

图 7-6　软件界面

在“控制面板”操作面板上单击氙灯电源开关并置于“ON”位置。将测试模式置于“手动操作”模式，单击“操作”按钮，检查氙灯闪光是否正常，如图 7-7 所示。

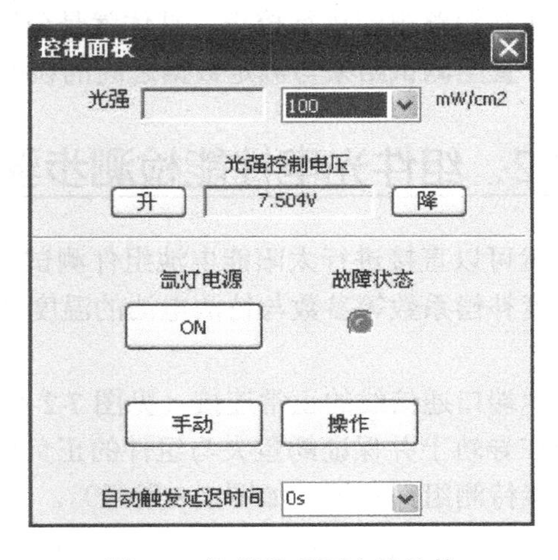

图 7-7 计算机桌面上的软件

5. 太阳能电池组件（卧式）测试仪的光强调整

（1）打开测试主机电源。

（2）将计算机电源打开，启动运行测试程序，单击“数据采集及测量”下拉菜单上的“数据卡校验”按钮，进行采集卡校验，该操作用来自动设置数据采集通道的“零电压”点。

（3）关闭上述校验窗口，打开设备设置/硬件设置，分别在硬件设置对话框的电流和电压通道中选择合适的测试挡位；在硬件设置对话框的温度通道中的诸多子栏目中分别填入合适的参数值。

（4）单击“电池板测量”按钮，然后单击“控制面板”按钮；在“控制面板”操作面板上单击氙灯电源开关并置于“ON”位置；在“控制面板”操作面板上的光强复选框中选定所需要的测试光强（如 $100mW/cm^2$），输入正确的操作密码后光强设定即为有效。

（5）将测试模式置于“手动操作”模式，单击“操作”按钮，检查氙灯闪光后的实际光强显示值是否与设定值一致。如果实际光强显示值大于设定值，可单击“光强控制电压”旁的“降”按钮后再进行测试；如果实际光强显示值小于设定值，可单击“光强控制电压”旁的“升”按钮后再进行测试。

（6）反复调整测试仪的氙灯电源电压，直至光强显示为（100±1）mW/cm^2，调整后的氙灯电源控制电压将被测试软件自动保存。

6. 太阳能电池组件（卧式）测试仪的校标

（1）按待测标准电池组件的尺寸设定好测试区域，通常应该将待测组件放置与测试仪的玻璃板中间；在玻璃板上做好位置标记。

（2）将计算机电源打开，启动运行测试程序，单击“数据采集及测量”下拉菜单上的“数据卡校验”按钮，进行采集卡校验，并短接电池板检测线的正负极（红黑线头）该操作用来自动设置数据采集通道的“零电压”点。

（3）关闭上述校验窗口，打开设备设置/硬件设置，分别在硬件设置对话框的电流和电压通道中选择合适的测试挡位；在温度通道各数值栏填入标准组件的电流、电压温度系数、串联电阻和曲线修正系数的数值，然后确认并退出设置。

（4）在 $100mW/cm^2$ 的光强条件下测试标准组件，并根据所检测的数据与标准电池的额定数据的误差，分别对开路电压和短路电流进行校正。具体就是分别在硬件设置通道对电流、电压修正系数进行反复修改，直至测试结果与额定数据之间的误差小于±2%。

7.2 组件光电性能检测步骤

经过上述调整和标定，就可以直接进行太阳能电池组件测试，注意测试时须对电池的温度通道参数进行修改，使温度补偿系数等参数与待测电池的温度补偿系数相符。

1. 设备的正常操作流程

（1）确保设备电源及其他端口通信线的正常连接（见图 7-2 和图 7-3）。

（2）将待测电池组件放在导轨上并保证鳄鱼夹与组件的正负极接触良好（红色为正极接待测组件正极，黑色为负极接待测组件负极，如图 7-8 所示）。

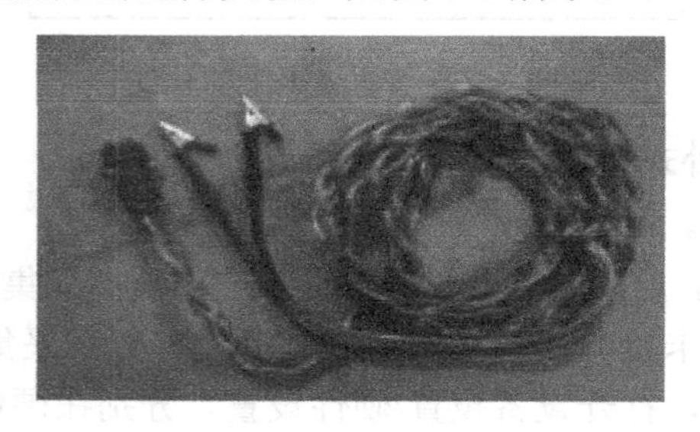

图 7-8 测试仪与电池组件相连接的鳄鱼夹

（3）打开测试台电源，插入钥匙开关，开启设备电源（见图 7-4）。

（4）打开计算机及显示器电源，插入此设备配套的加密狗，运行桌面上测试专用软件（见图 7-9）。

图 7-9 计算机桌面上的软件

（5）单击“电池板测量”按钮，然后单击“控制面板”按钮，如图 7-10 所示。

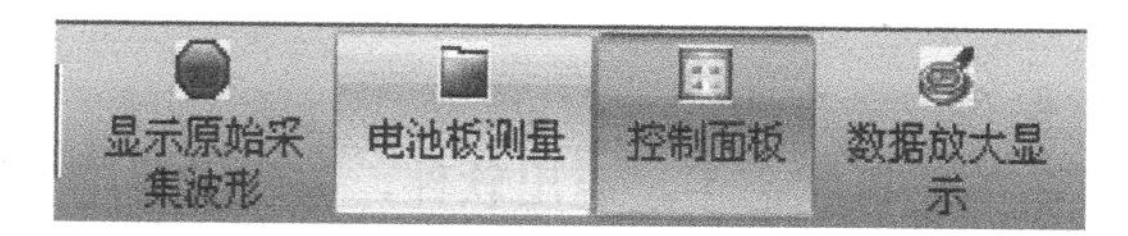

图 7-10　软件中的按钮

（6）在“控制面板”操作面板上单击氙灯电源开关并置于“ON”位置，此时面板会显示闪灯电压的数值，如图 7-11 所示。

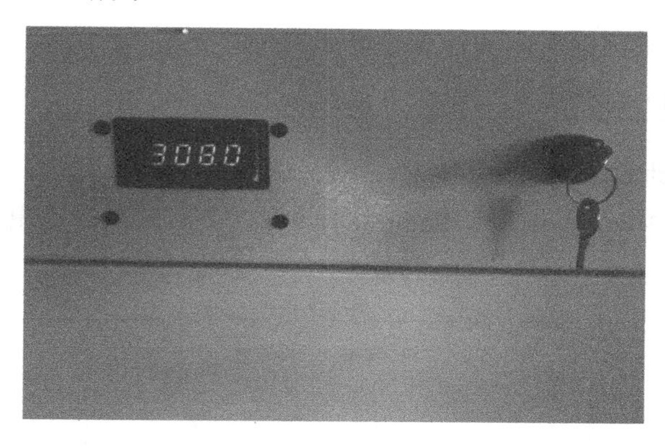

图 7-11　前面板上显示的工作电压

（7）将测试模式置于“手动操作”模式，单击“操作”按钮（见图 7-7）。
（8）计算机端软件界面接收到一组数据和波形，完成测量，如图 7-12 所示。

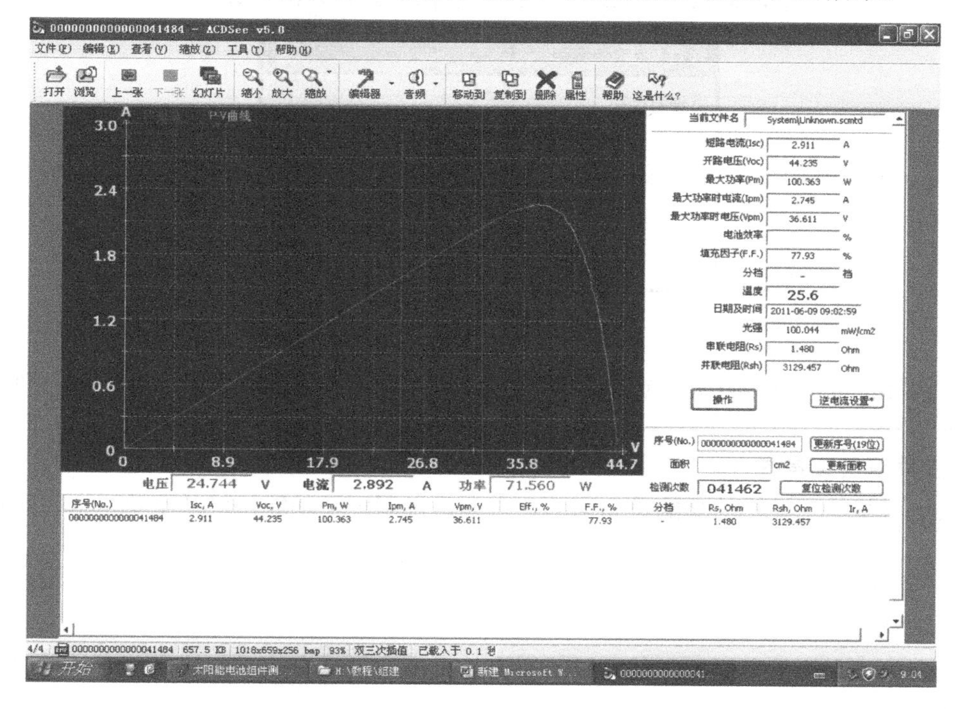

图 7-12　测试结果

（9）根据所显示数据的合理性，对相关参数进行调整，达到标准测试所需要求后，即可进行正常测试。

（10）将测试结果进行保存或者打印。

（11）设备关机：在设备的待机状态下，退出软件，关闭设备电源，关闭计算机电源，完成设备的关机操作。

7.3 组件光电性能检测软件操作说明

下面部分将从不同的方面对本软件进行详细的功能描述。

7.3.1 软件主界面功能描述

1. 软件系统的启动与配置

双击“E：\SCMT 364#\Scmt new\Scmt 364#.exe”之后，很快将出现如图 7-13 所示的对话框。

图 7-13 进入软件进度条

若要进入软件设置，请按下“F2”，显示的对话框如图 7-14 所示。

图 7-14 软件系统语言设置

语言选择：可选择“中文”或“英文”，用户单击“确定”按钮之后，将进入软件的主界面（见图 7-6）。

2. 主菜单与工具栏

主菜单与某些工具栏的功能是相同的，也就是说同一个功能，可从菜单进入，也可从工具栏进入，比如电池板测量。

（1）“文件”菜单（见图 7-15）

① 新建文件。

重新创建一个新的数据库文件，以后所有的采集数据均存放于新建文件中。此时的文件尚未命名，在保存文件时，可以输入文件名。

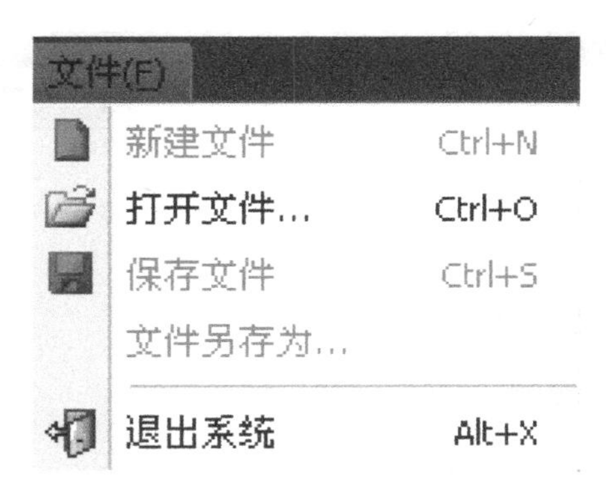

图 7-15 “文件”菜单

② 打开文件。

打开一个原来已经存在的文件，出现如图 7-16 所示的文件打开对话框。

图 7-16 文件打开对话框

③ 保存文件。

将保存于内存中的采样数据存储于磁盘文件当中。若是对新建文件进行保存，将出现如图 7-17 所示的文件保存对话框。

④ 文件另存为。

将当前采集的数据保存为一个新文件，也将出现文件保存对话框。

⑤ 退出系统。

退出本选择系统，回到原来的 Windows 界面。

（2）“设备设置”菜单（见图 7-18）

图 7-17 文件保存对话框

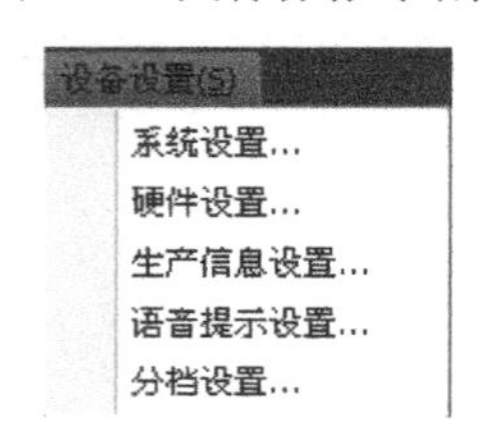

图 7-18 “设备设置”菜单

① 系统设置。

单击“系统设置”后出现如图 7-19 所示对话框。

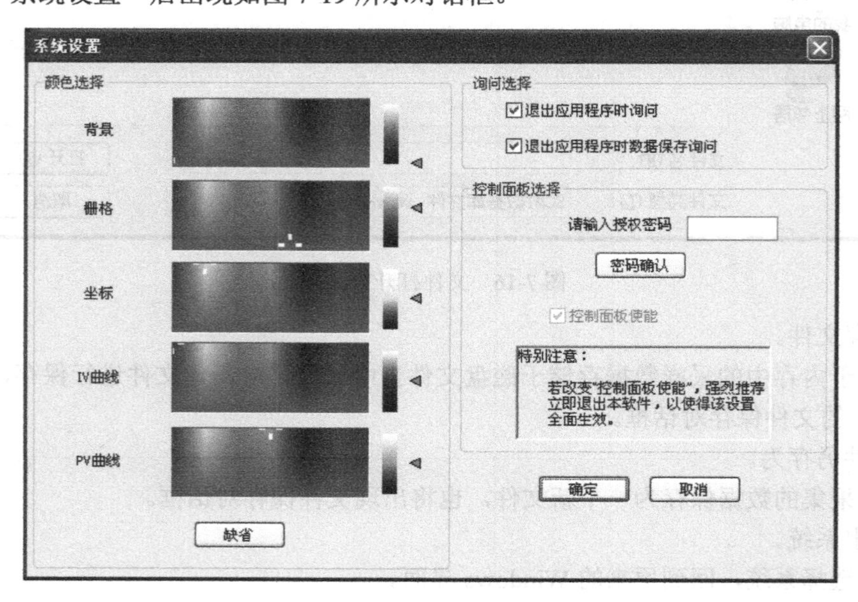

图 7-19 “系统设置”对话框

a．颜色选择。可用鼠标给下列对象选择颜色：背景、栅格、坐标、IV 曲线、PV 曲线。

b．退出应用程序时询问。

若在其前的复选框中打钩，则在用户退出应用程序时，给出询问对话框，要求用户确认，如图 7-20 所示。

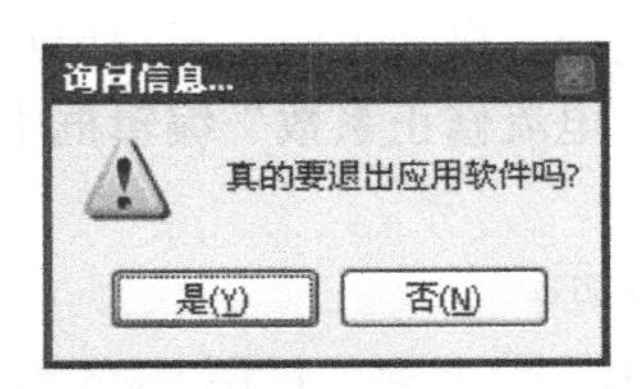

图 7-20　询问是否要退出应用软件

c．退出应用程序时数据保存询问。

一开始进入本软件，系统默认是将数据保存于 System\Unknown.scmtd 文件中。第二次进入本软件时，自动将文件数据清除。若在其前的复选框中打钩，则在退出应用程序时，软件系统将要求用户保存文件，若用户拒绝保存，将出现如图 7-21 所示的对话框。

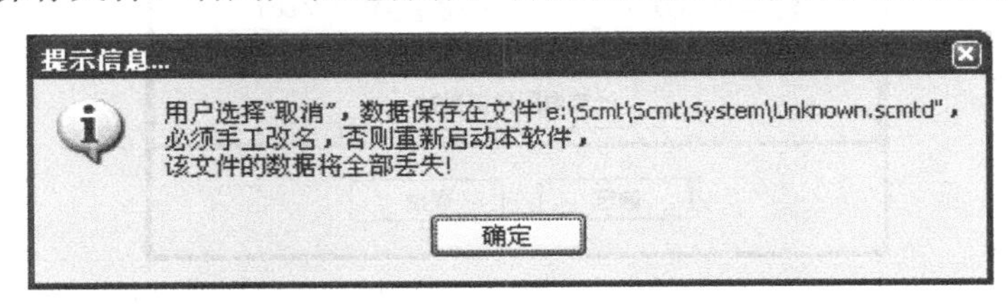

图 7-21　保存数据采集结果的提示对话框

② 硬件设置。

可对 4 个通道的参数进行单独的设置。（注意：在硬件设置中出现“*”的按钮，不是给用户使用的，而是给设备供应商现场调试使用的。需要进行密码确认，请普通使用者不要单击。）

a．电流通道。

电流通道参数设置如图 7-22 所示。

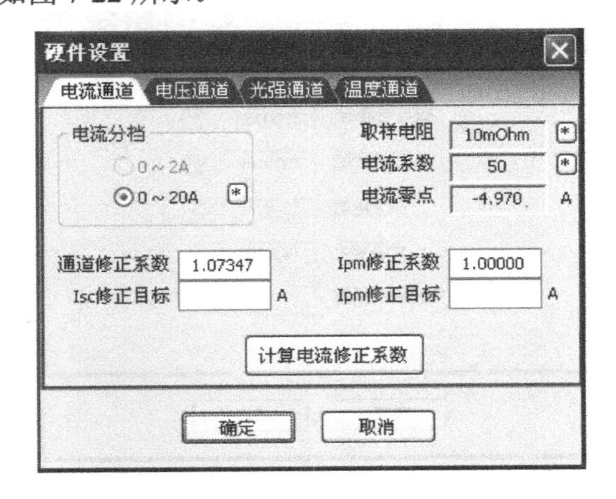

图 7-22　电流通道参数设置

- 电流分成两挡：0～2A（取样电阻自动设置为100mΩ）；
  0～20A（取样电阻自动设置为10mΩ）。

分选机默认为0～20A挡。

- 电流系数固定为50。
- 电流零点由“数据采集卡校验”自动生成，无须用户输入。
- 电流修正系数可以直接在“电流修正系数”编辑框中输入。

b．电压通道。

电压通道参数设置如图7-23所示。

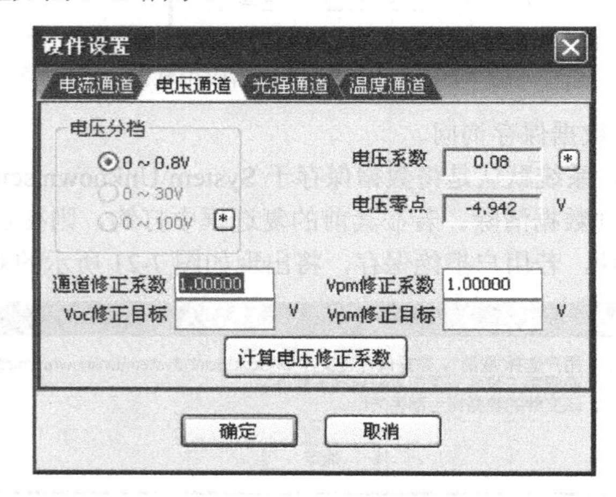

图7-23　电压通道参数设置

- 电压分成三挡：0～0.8V（电压系数自动设置为0.08），此挡为分选默认；0～30V（电压系数自动设置为3.00）；0～100A（电压系数自动设置为10.00）。
- 电压零点由“数据采集卡校验”自动生成，无须用户输入。
- 电压修正系数可以直接在“电压修正系数”编辑框中输入。

c．光强通道。

光强通道参数设置如图7-24所示。

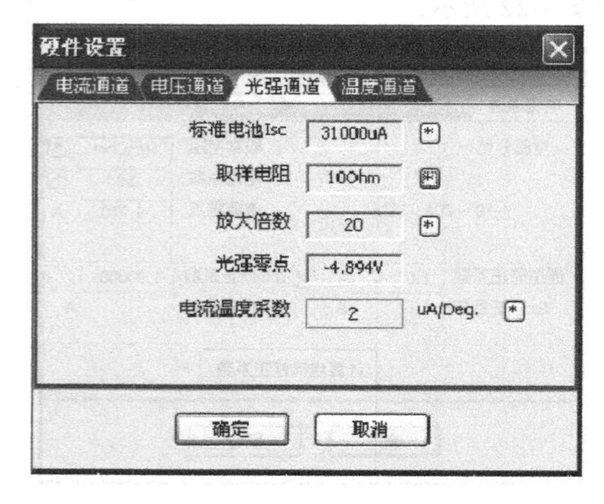

图7-24　光强通道参数设置

在上述对话框中，用户可编辑“标准电池 Isc”以及“电流温度系数”。光强零点由“数据采集卡校验”自动生成，无须用户输入。取样电阻与放大倍数，由设备供应商设置。

d．温度通道。

温度通道参数设置如图 7-25 所示。

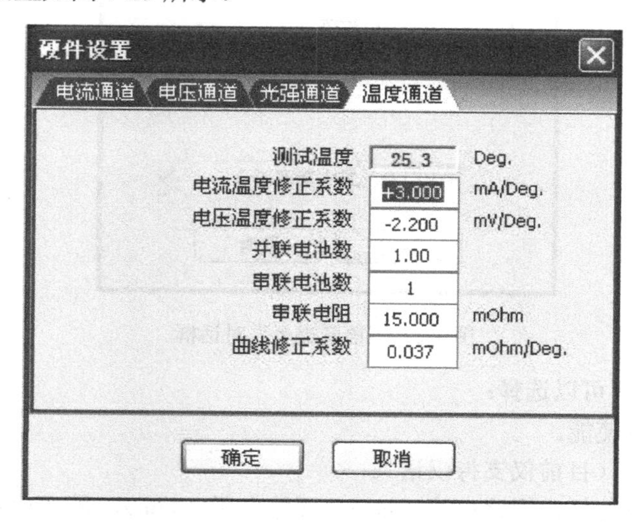

图 7-25　温度通道参数设置

在上述对话框中，测试温度由“数据采集卡校验”自动生成，无须用户输入。其余温度通道参数需要用户自行输入，若不输入系统将使用默认值。

③ 生产信息设置。

单击“生产信息设置”后出现如图 7-26 所示对话框：用户可在上述对话框中输入生产相关信息。输入的生产信息会在打印曲线和电池板测试汇总中出现。

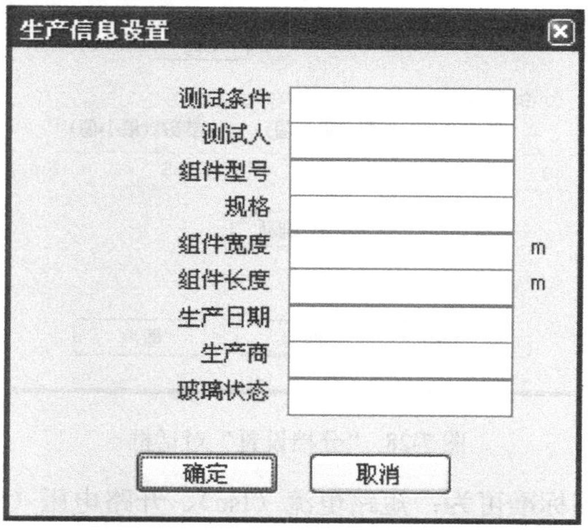

生产信息设置
测试条件
测试人
组件型号
规格
組件宽度 m
组件长度 m
生产日期
生产商
玻璃状态
确定
取消

图 7-26　生产信息设置

④ 语音提示设置。

“语音提示”对话框如图 7-27 所示。

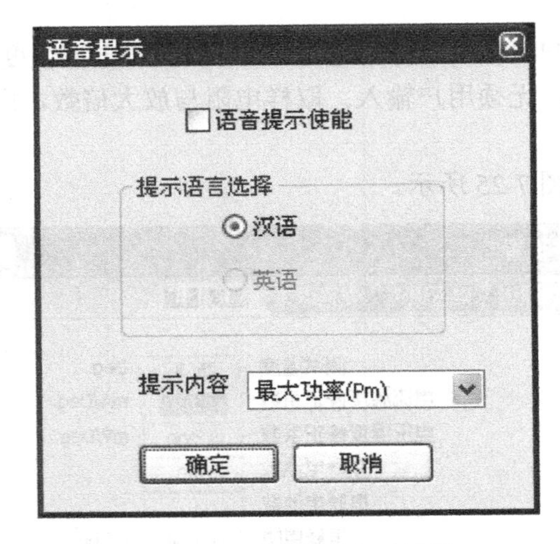

图 7-27 “语音提示”对话框

在上述对话框中，可以选择：

a．语音提示是否使能。

b．提示语言选择（目前仅支持汉语）。

c．提示内容可以选择：短路电流（*I*sc）、开路电压（*V*oc）、最大功率（*P*m）、最大功率时电压（*V*pm）、最大功率时电流（*I*pm）、电池分档。

⑤ 分档设置。

“分档设置”对话框如图 7-28 所示。

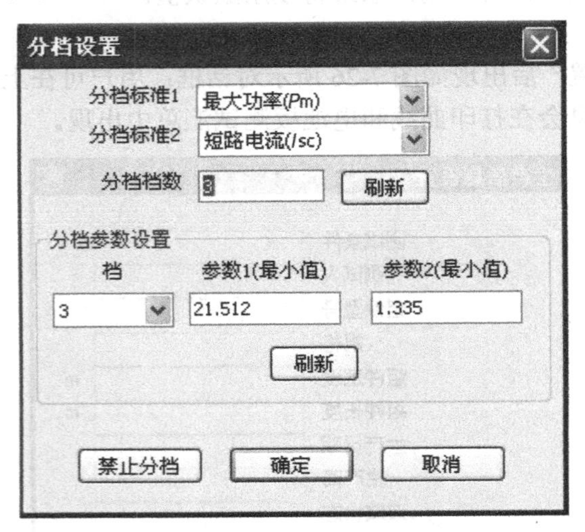

图 7-28 “分档设置”对话框

a．选择分档标准，该标准可为：短路电流（Isc）、开路电压（Voc）、最大功率（Pm）、最大功率时电压（Vpm）、最大功率时电流（Ipm）。

b．输入档数，比如 3，单击“刷新”按钮。

c．在“分档参数设置档”下选择档位，在右侧输入参数（最小值）：

● 第 1 档：参数 1:40　参数 2:1.6。

- 第 2 档：参数 1:45　参数 2:1.7。
- 第 3 档：参数 1:50　参数 2:1.8。

则具体分档参数如下：

- 0 档：Pm<40，并且 Isc<1.6。
- 1 档：40≤Pm<45，并且 1.6≤Isc<1.7。
- 2 档：45≤Pm<50，并且 1.7≤Isc<1.8。
- 3 档：Pm≥50 且 Isc≥1.8。

注意：只有在两个参数同时满足的情况下，才能正确地分档。

d. 若单击“禁止分档”按钮，将取消所有分档参数。

（3）“数据采集及测量”菜单（见图 7-29）

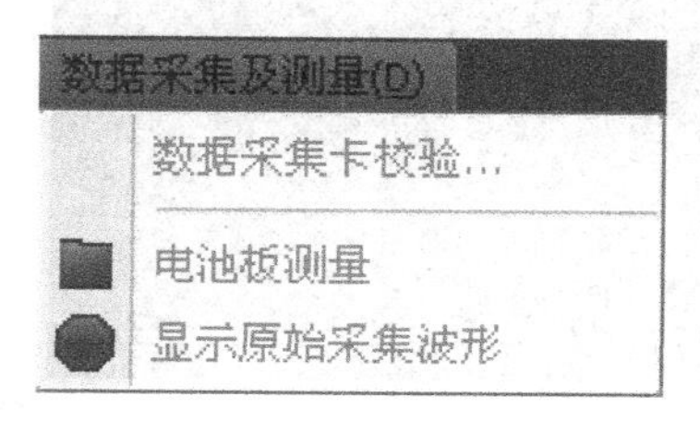

图 7-29 “数据采集及测量”菜单

① 数据采集卡校验。

软件自动将开启数据采集卡的软件触发模式，每隔 1s 采集一次，将采集到的数据显示在如图 7-30 所示对话框中。为使采集数据稳定，需要将测试线上的两个夹子短接后，单击“确定”按钮。

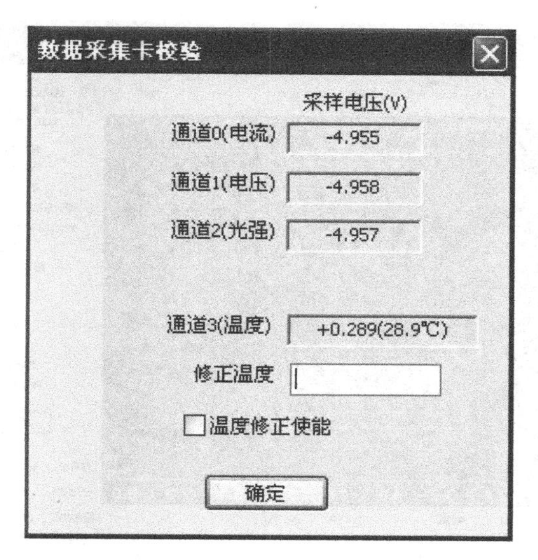

图 7-30 数据采集卡校验对话框

② 电池板测量。

这是一个测量开关，控制数据采集卡是否响应触发（注意：“数据采集卡校验”与“电池板测量”的功能是互斥的。也就是说：在打开电池板测量之后，不能选择“数据采集卡校验”）。

③ 显示原始采集波形。

这是一个显示开关，在“IV/PV 曲线”以及“原始采集波形”之间切换，如图 7-31 和图 7-32 所示。

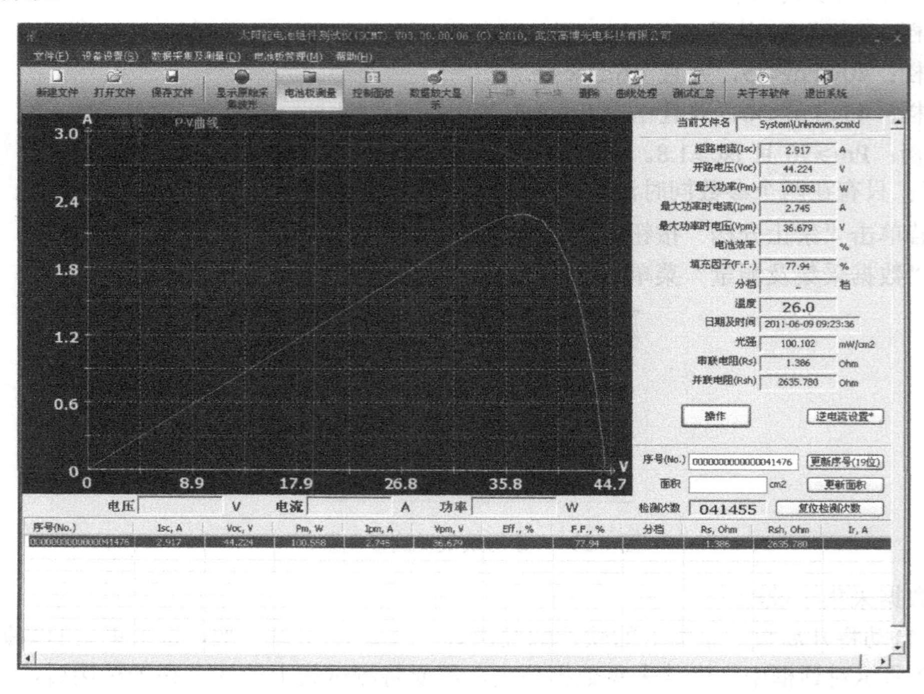

图 7-31　IV 曲线/PV 曲线的显示

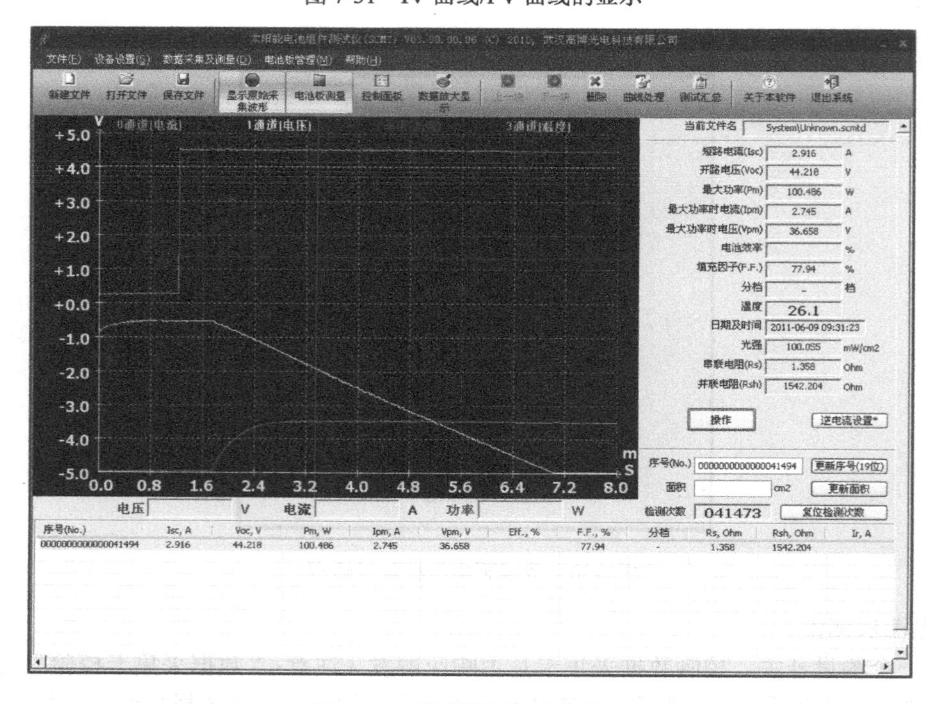

图 7-32　原始采集波形的显示

（4）“电池板管理”菜单（见图 7-33）

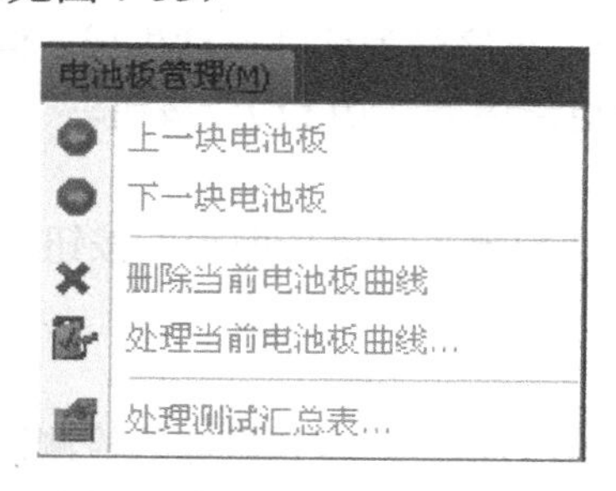

图 7-33 “电池板管理”菜单

① 上一块电池板。向上浏览电池板数据。

② 下一块电池板。向下浏览电池板数据。

③ 删除当前电池板曲线。将当前选中的电池板数据删除。在删除之前，将出现确认对话框，如图 7-34 所示。

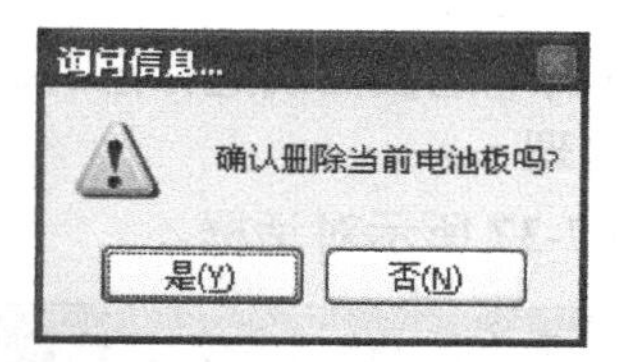

图 7-34 确认删除当前电池板对话框

（5）“帮助”菜单（见图 7-35）

图 7-35 “帮助”菜单

单击“关于本软件...”，将出现“关于本软件…”对话框，如图 7-36 所示。

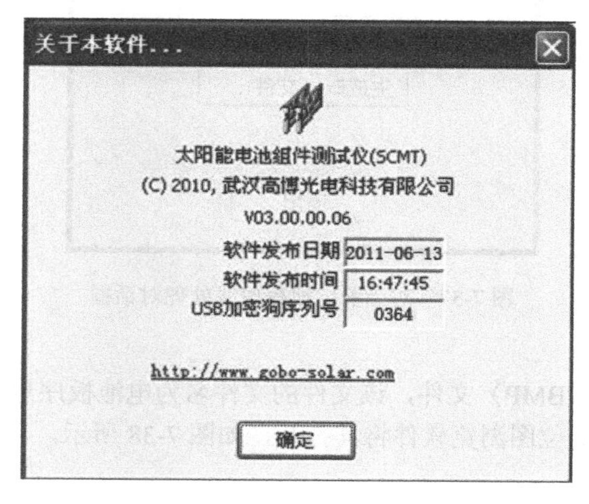

图 7-36 “关于本软件…”对话框

3. 更新序号

本软件的序号的位数为 19 位，该序号为软件自动生成。但也可为用户修改，在序号编辑框中输入新的序号，然后单击“更新序号（19 位）”按钮。

4. 更新面积

在面积编辑框中输入面积，然后单击“更新面积”按钮。将导致重新计算电池效率。以后的计算均以此电池板面积为准。

5. 关于检测次数的限制

一般情况下，一个氙灯可用 10 万次。在达到氙灯的检测次数而影响氙灯发光效率的情况下，软件能够提醒用户，并且“检测次数”编辑框将会闪烁。单击“复位检测次数”按钮，将检测次数归零。

7.3.2 测试数据处理

这种处理包含两种方式：

- 对当前选择的电池板曲线进行处理。
- 对当前数据库文件中的所有的电池板曲线进行汇总。

1. 对当前选择的电池板曲线处理

先选择电池板，然后弹出如图 7-37 所示对话框。

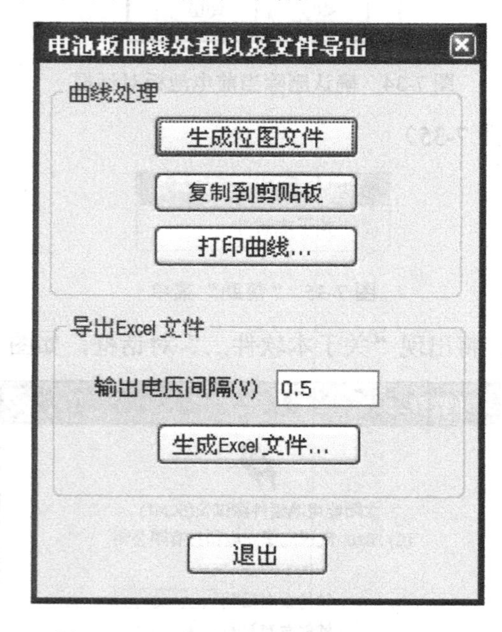

图 7-37 对当前电池板曲线处理对话框

（1）生成位图文件

软件自动生成位图（BMP）文件，该文件的文件名为电池板序号*.bmp 的形式。并自动调用在操作系统中注册的位图浏览软件将其打开，如图 7-38 所示。

（2）复制到剪贴板

软件自动将生成的 IV/PV 曲线复制到系统剪贴板，以供第二次使用。

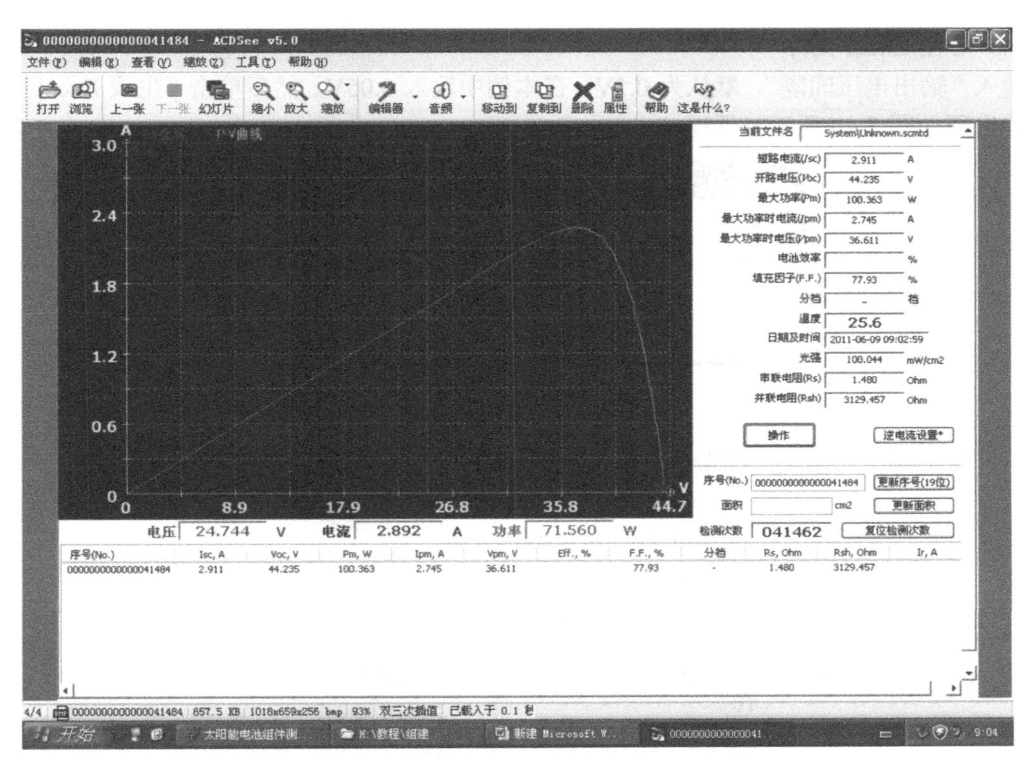

图 7-38 自动打开生成的位图文件

（3）打印曲线

将出现如图 7-39 所示打印预览对话框。

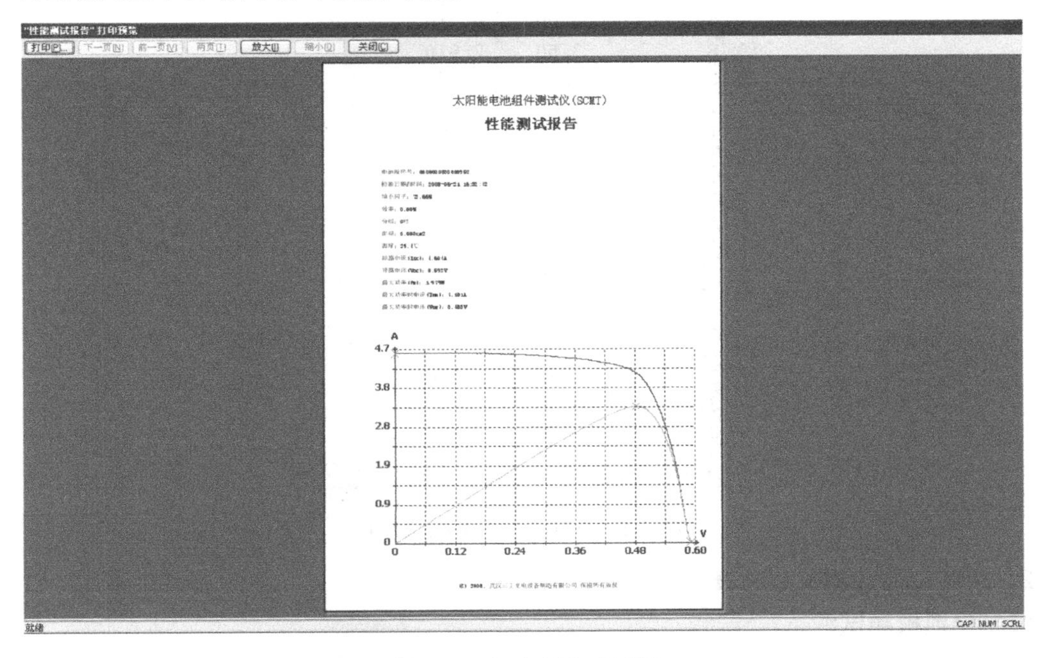

图 7-39 打印预览对话框

（4）导出 Excel 文件

输入“输出电压间隔”，默认为 0.5V。在本例中输入 0.05V。然后单击“生成 Excel 文件”按钮，出现如图 7-40 所示对话框。

图 7-40　提示数据导出成功

软件自动调用在系统中注册的 Excel 文件处理软件，如图 7-41 所示。

	A	B	C	D
4	武汉高博光电科技有限公司			
5	V03.00.00.06			
6				
7	IV曲线导出电压、电流数据			
8	电压间隔：0.50V			
9	电池板序号：0000000000000041465			
10				
11	序号	电压(V)	电流(A)	
12	1	0.00	2.909	
13	2	0.50	2.912	
14	3	1.00	2.912	
15	4	1.50	2.911	
16	5	2.00	2.912	
17	6	2.50	2.911	
18	7	3.00	2.910	
19	8	3.50	2.910	
20	9	4.00	2.909	
21	10	4.50	2.909	
22	11	5.00	2.908	
23	12	5.50	2.908	
24	13	6.00	2.908	
25	14	6.50	2.907	
26	15	7.00	2.908	
27	16	7.50	2.906	
28	17	8.00	2.907	
29	18	8.50	2.906	
30	19	9.00	2.906	
31	20	9.50	2.906	
32	21	10.00	2.905	
33	22	10.50	2.906	
34	23	[illegible]	[illegible]	

IV曲线导出数据

图 7-41　打开导出的 Excel 文件

2. 所有电池板测试汇总表

（1）电池板测试汇总

单击该功能之后，将出现电池板测试汇总表，如图 7-42 所示。

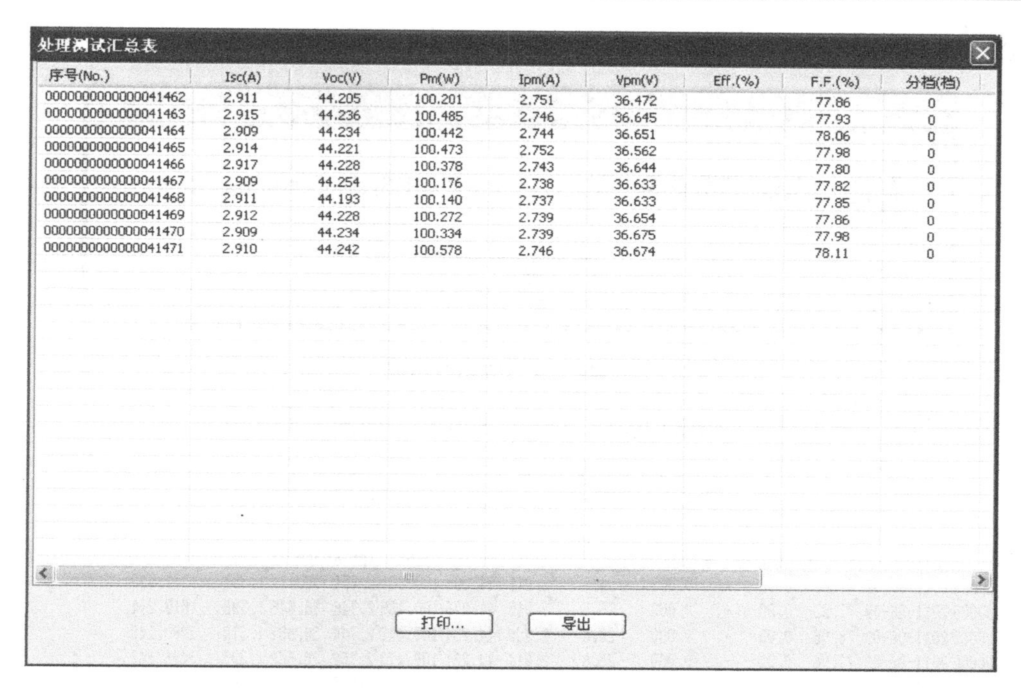

处理测试汇总表

序号(No.)	Isc(A)	Voc(V)	Pm(W)	Ipm(A)	Vpm(V)	Eff.(%)	F.F.(%)	分档(档)
0000000000000041462	2.911	44.205	100.201	2.751	36.472		77.86	0
0000000000000041463	2.915	44.236	100.485	2.746	36.645		77.93	0
0000000000000041464	2.909	44.234	100.442	2.744	36.651		78.06	0
0000000000000041465	2.914	44.221	100.473	2.752	36.562		77.98	0
0000000000000041466	2.917	44.228	100.378	2.743	36.644		77.80	0
0000000000000041467	2.909	44.254	100.176	2.738	36.633		77.82	0
0000000000000041468	2.911	44.193	100.140	2.737	36.633		77.85	0
0000000000000041469	2.912	44.228	100.272	2.739	36.654		77.86	0
0000000000000041470	2.909	44.234	100.334	2.739	36.675		77.98	0
0000000000000041471	2.910	44.242	100.578	2.746	36.674		78.11	0

打印... 导出

图 7-42 电池板测试汇总表

（2）处理对象选择

当前选择的电池板：可以单个地选择电池板。

（3）处理操作

允许的处理操作包括打印、导出、删除。

① 打印。将出现如图 7-43 所示的电池板汇总表打印预览对话框。

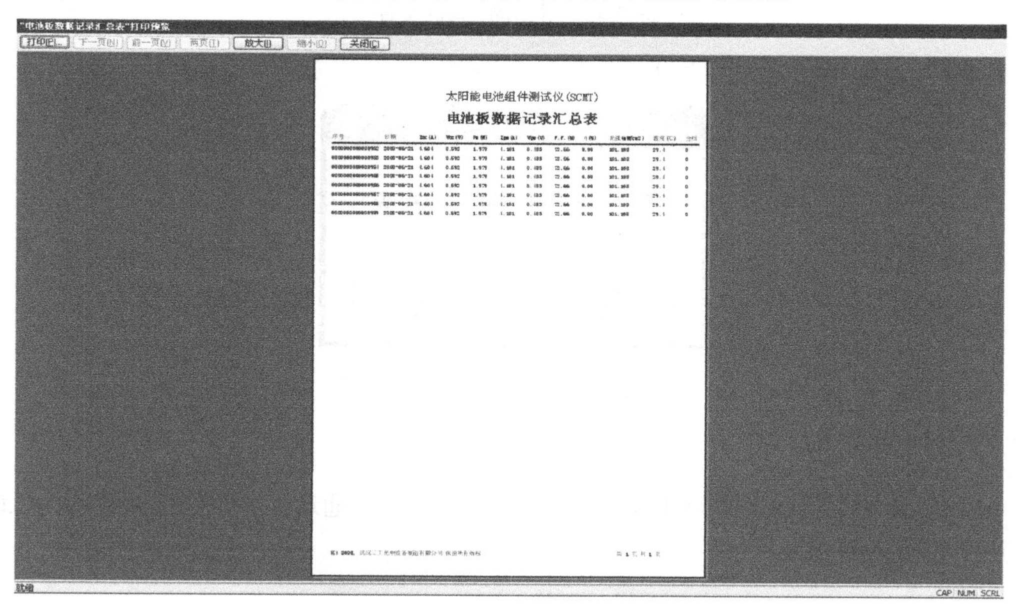

图 7-43 电池板汇总表打印预览对话框

② 导出。导出成功后，将显示如图 7-44 所示的对话框。

图 7-44 导出成功对话框

软件自动调用在系统中注册的 Excel 文件处理软件，如图 7-45 所示。

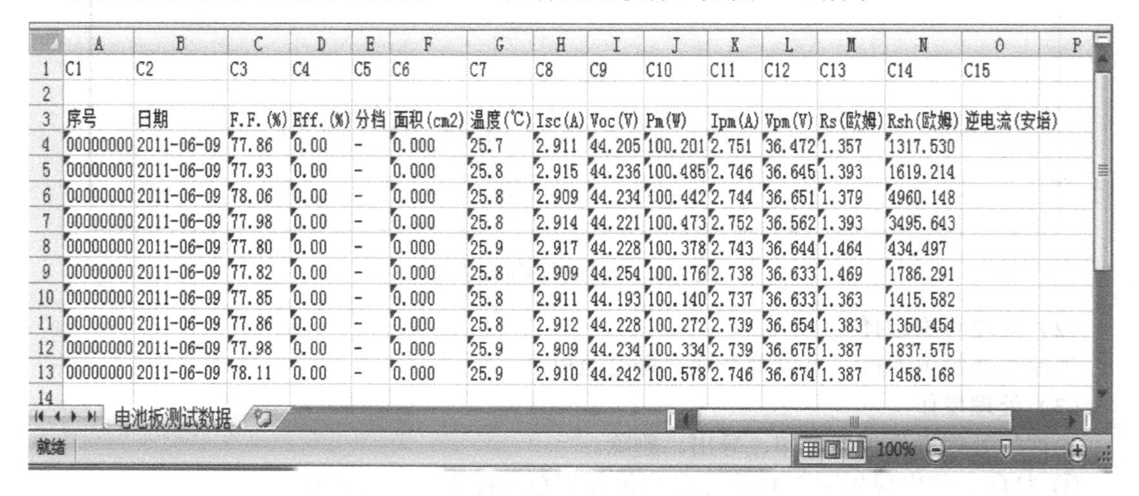

C1	C2	C3	C4	C5	C6	C7	C8	C9	C10	C11	C12	C13	C14	C15
序号	日期	F.F.(%)	Eff.(%)	分档	面积(cm2)	温度(℃)	Isc(A)	Voc(V)	Pm(W)	Ipm(A)	Vpm(V)	Rs(欧姆)	Rsh(欧姆)	逆电流(安培)
00000000	2011-06-09	77.86	0.00	-	0.000	25.7	2.911	44.205	100.201	2.751	36.472	1.357	1317.530	
00000000	2011-06-09	77.93	0.00	-	0.000	25.8	2.915	44.236	100.485	2.746	36.645	1.393	1619.214	
00000000	2011-06-09	78.06	0.00	-	0.000	25.8	2.909	44.234	100.442	2.744	36.651	1.379	4960.148	
00000000	2011-06-09	77.98	0.00	-	0.000	25.8	2.914	44.221	100.473	2.752	36.562	1.393	3495.643	
00000000	2011-06-09	77.80	0.00	-	0.000	25.9	2.917	44.228	100.378	2.743	36.644	1.464	434.497	
00000000	2011-06-09	77.82	0.00	-	0.000	25.8	2.909	44.254	100.176	2.738	36.633	1.469	1786.291	
00000000	2011-06-09	77.85	0.00	-	0.000	25.8	2.911	44.193	100.140	2.737	36.633	1.363	1415.582	
00000000	2011-06-09	77.86	0.00	-	0.000	25.8	2.912	44.228	100.272	2.739	36.654	1.383	1350.454	
00000000	2011-06-09	77.98	0.00	-	0.000	25.9	2.909	44.234	100.334	2.739	36.675	1.387	1837.575	
00000000	2011-06-09	78.11	0.00	-	0.000	25.9	2.910	44.242	100.578	2.746	36.674	1.387	1458.168	

图 7-45 导出的 Excel 文件

③ 删除。这个操作需要用户确认，如图 7-46 所示。

图 7-46 确认删除对话框

7.3.3 软件校标

（1）在软件初始状态下的硬件设置中，电流通道和电压通道的各个修正系数均为 1.000，如图 7-47 和图 7-48 所示。

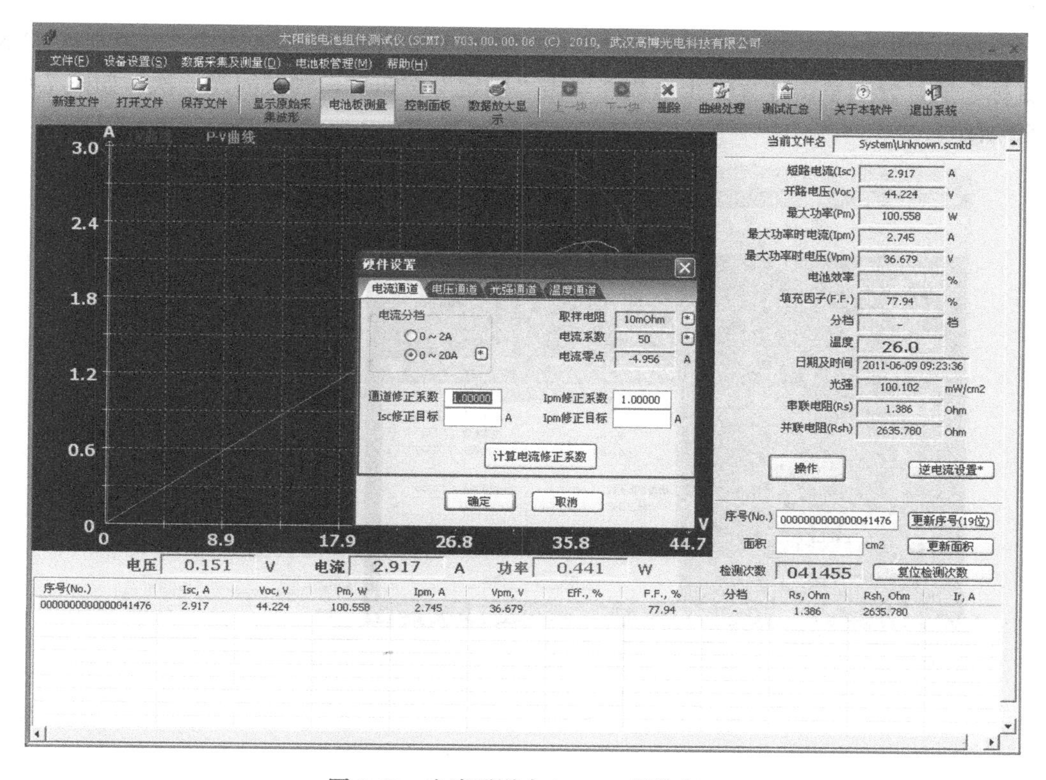

图 7-47　电流通道中 I_{sc}，I_{pm} 系数归 1

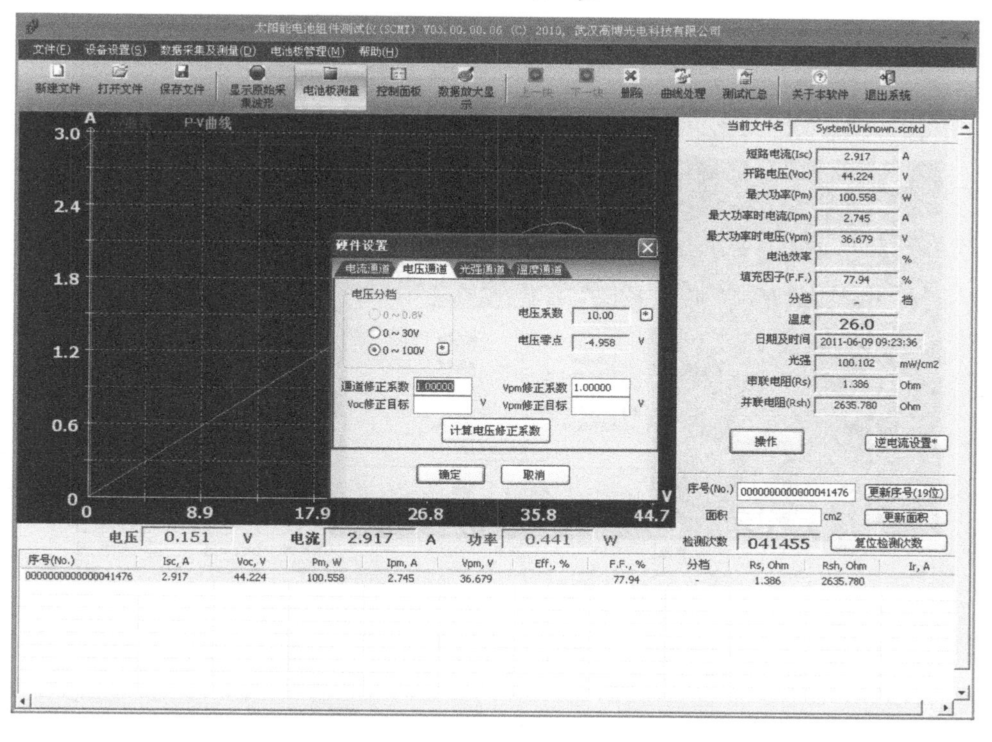

图 7-48　电压通道中 V_{oc}，V_{pm} 系数归 1

（2）首先在电流通道输入“短路电流（Isc）修正目标”值和电压通道中“开路电路（Voc）修正目标”值，分别单击计算修正系数并单击“确定”按钮后，触发闪光一次，如图 7-49 和图 7-50 所示。

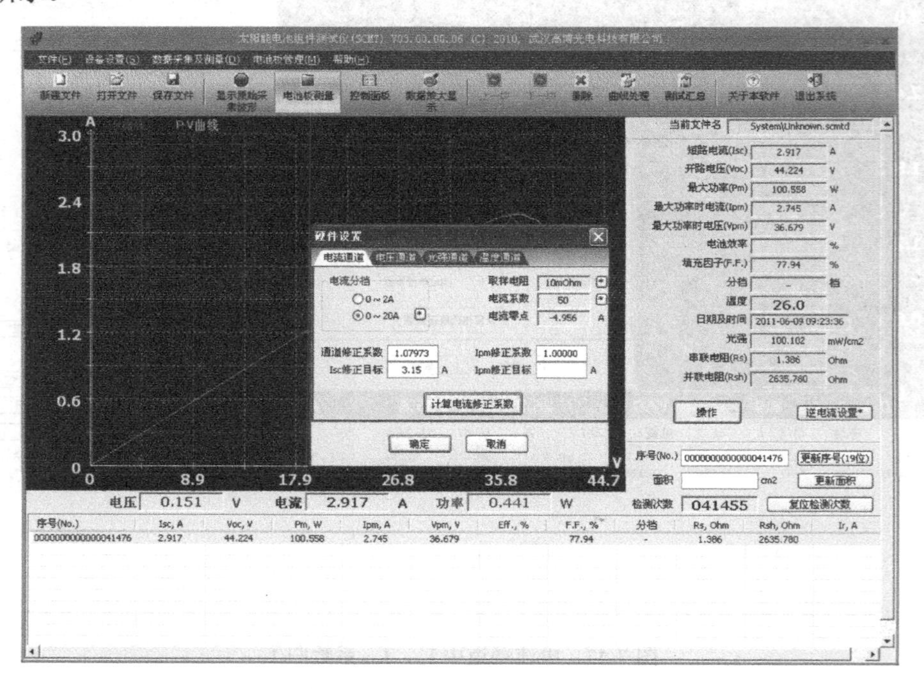

图 7-49　电流通道，I_{sc} 系数修正

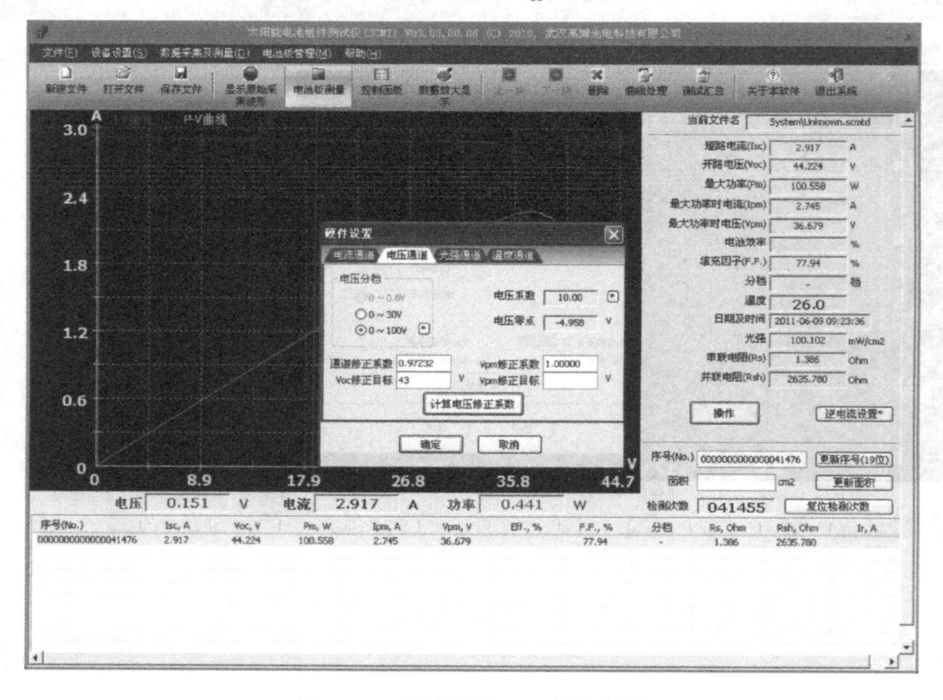

图 7-50　电压通道，V_{oc} 系数修正

（3）在电流通道输入“最大功率时电流（Ipm）修正目标”值和电压通道中“最大功率时电压（Vpm）修正目标”值，分别单击计算修正系数并单击“确定”按钮后，触发闪光一次，如图 7-51 和图 7-52 所示。

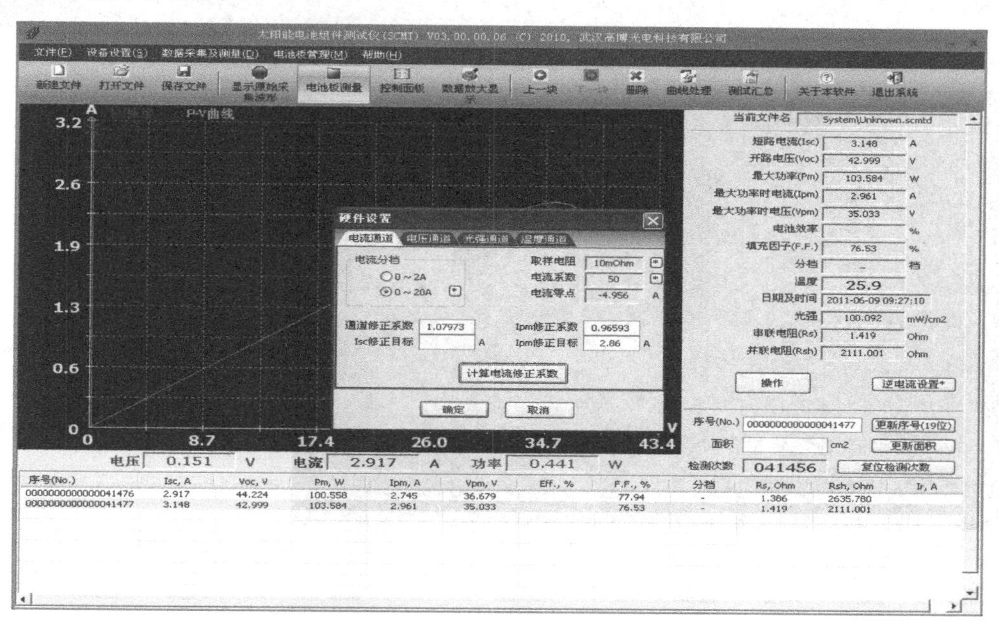

图 7-51　电流通道，Ipm 系数修正

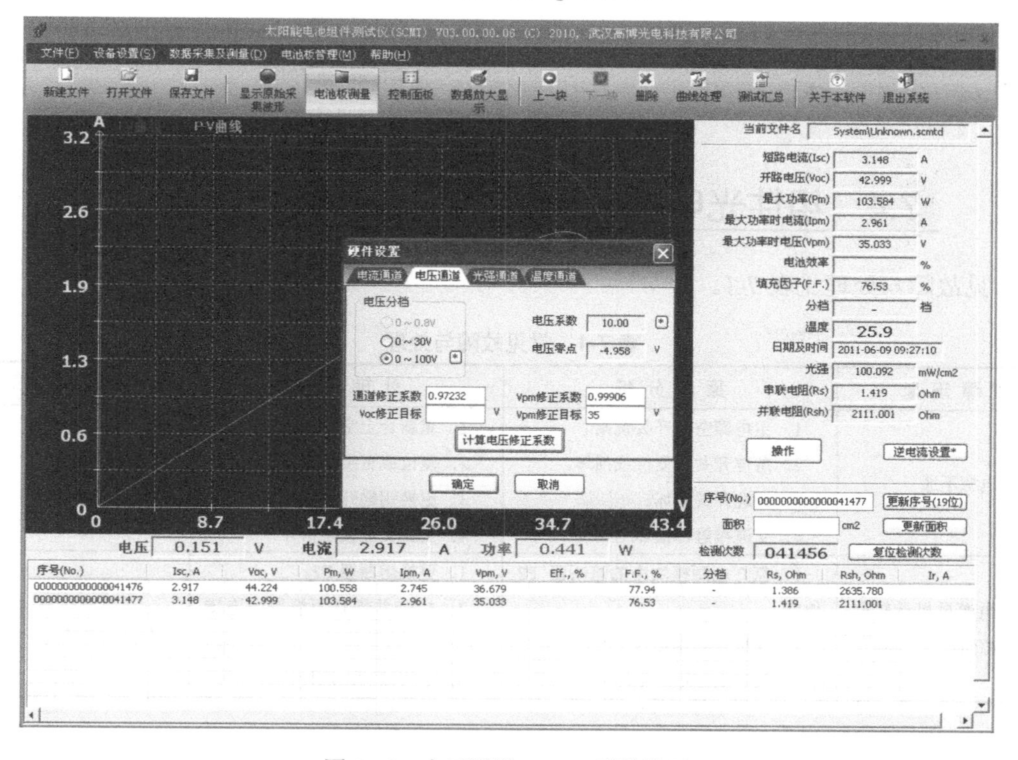

图 7-52　电压通道，Vpm 系数修正

（4）完成以上步骤后，对比测试仪给出的数据和标准数据的出入，若出入不大及校标完成，若存在一定的误差，则需要重新校标。校标完成如图 7-53 所示。

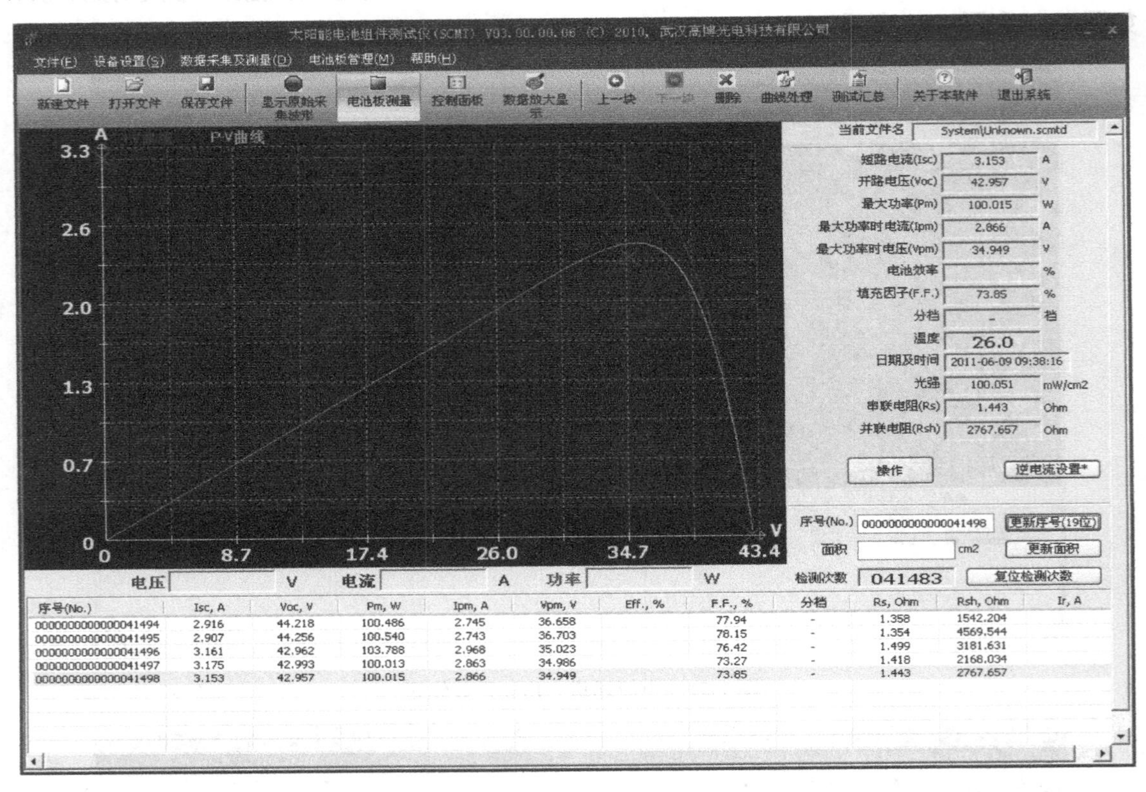

图 7-53 校标完成

7.4 组件光电性能检测设备的故障与分析处理

常见故障与处理见表 7-1。

表 7-1 常见故障与处理

故障现象	原因分析	处理方法	备注
整机电源不通	1．主电源空气开关跳闸。 2．急停开关未复位或损坏。 3．钥匙开关损坏。 4．交流接触器损坏	1．重新合上空气开关。 2．复位或更换急停开关。 3．更换钥匙开关。 4．更换交流接触器	
打开电源风机运转但氙灯电源面板表不亮	1．氙灯电源模块中的熔断器 F2 熔断。 2．面板表的连接线短线。 3．氙灯电源模块损坏	1．更换熔断器 F2。 2．检查并恢复面板表的连接线。 3．更换氙灯电源模块	F2 为 0.5A

续表

故障现象	原因分析	处理方法	备注
氙灯电源面板表电压显示正常，但氙灯不能触发	1. 氙灯电源模块到氙灯灯箱的各连接线有短线。 2. PC 控制板到氙灯电源模块的触发控制线有短线。 3. 氙灯灯箱内的触发板损坏。 4. 氙灯损坏。 5. 氙灯电源模块损坏	1. 检查并恢复氙灯电源模块到氙灯灯箱的各连接线。 2. 检查并恢复 PC 控制板到氙灯电源模块的触发控制线。 3. 更换氙灯触发板。 4. 更换氙灯。 5. 更换氙灯电源模块	1. 氙灯电源模块给氙灯触发板的触发信号为从-10～+10V 的正向脉冲，脉宽约 12ms。 2. PC 控制板到氙灯电源模块的触发控制信号为 5～0V 的负向脉冲，脉宽约 10ms
氙灯电源面板表显示为零，氙灯不能触发	1. 氙灯电源模块中的熔断器 F1 熔断。 2. 氙灯电源模块供电线短线。 3. 氙灯电源模块与 PC 的连接插头断路。 4. 氙灯电源模块损坏	1. 更换熔断器 F1。 2. 检查并恢复氙灯电源模块供电。 3. 检查并恢复氙灯电源模块与 PC 的插头连接正常。 4. 更换氙灯电源模块	F1 为 5A
氙灯电源面板表电压显示正常，氙灯也能触发，但测试无反应	1. 标准电池与电子负载之间的连线断路。 2. 标准电池正负极接反。 3. 标准电池损坏	1. 检查标准电池与电子负载之间的连接插头和连线。 2. 恢复标准电池正确连接。 3. 更换标准电池	标准电池的接线为： 红色 + 黄色 + 绿色 - 蓝色 -
氙灯工作正常，测试时有光强显示，但无测试曲线显示	1. 测试时没有进行采集卡校验。 2. 测试时温度补偿通道的参数设置错误。 3. 电子负载与 PCI 采集卡之间的连线有断路。 4. 电子负载板损坏	1. 进行采集卡校验。 2. 重新修正温度补偿通道的参数设置并重新校验标准组件。 3. 检查并恢复电子负载与 PCI 采集卡之间的连线。 4. 更换电子负载板	通过查阅原始波形和对比采集卡校验时的各通道零点数据，可以大致判断有问题的通道
测试时有测试曲线显示，但 P-V 曲线的左下部不能到零	1. 测试时没有进行采集卡校验。 2. 电压扫描零点偏离	1. 进行采集卡校验。 2. 重新调整电子负载板上的电压扫描零点调节电位器	
测试时有测试曲线显示，但 P-V 曲线的右下部不能到零	1. 测试时没有进行采集卡校验。 2. 测试时温度补偿通道的参数设置与电池组件的实际参数不一致	1. 进行采集卡校验。 2. 重新修正温度补偿通道的参数设置	
测试时有测试曲线显示，但曲线上有较多的毛刺	1. 测试现场电磁干扰太大或设备没有接地。 2. 电流电压测试挡位设置不合理（例如用 10A 挡测 mA 级的组件或用 50V 挡测 5～10V 的组件）	1. 增加去除电磁干扰的装置或设备有效接地。 2. 选择合适的测试挡位并重新校验标准组件	
测试数据导出 Excel 文件时需要很长时间或容易死机	本软件的每组测试数据都包含 8000 个点的电流电压等信息，如果一个文件包测试的组件数量太多则数据量更多（有时可达到几百兆字节甚至上吉字节	建议每组测试数据的组件数量不要超过 500 个组件	

7.5 组件耐压绝缘性能测试

对光伏组件进行高压下的绝缘性能测试，目的是检测在高压（一般为 3000V）下，组件的漏电流是否能达到标准要求，是对组件可靠性能的一种测试。

1. 检验前准备

（1）测试用具：耐压绝缘测试仪、水槽、接线端子、延长线、铁块、水桶、水杯。

（2）工艺要求：

① 在测试操作时测试人员必须穿绝缘鞋、戴绝缘手套，必须站在绝缘胶垫上。

② 测试区地面必须保持干燥、无积水。

③ 测试过程中，身体的任何部位不可接触耐压测试仪，除测试人员之外的其他无关人员与测试区保持至少 1m 以上的距离。

④ 测试环境条件为：室温 25℃，相对湿度不超过 75%。

2. 实验方法

（1）接线

将太阳能板接线盒伸出的正负两根线用接线端子分别延长，再连接两条延长线的正负极，该正负极的连接处即为一个极 A；置一金属块（如铁块）在太阳能板旁边，作为另一个电极 B。

在活动部分和可接触的导电部分以及活动部分和暴露的不导电的表面间的绝缘性和间距应该能承受两倍于系统电压加上 1000V 的直流电压，并且两部分间的漏电电流不能超过 50μA。电压施加于两个电极之间。

注意：对于额定电压小于等于 30V 的电池板系统，施加电压为 500V。

以稳定均匀的速率在 5s 的时间里逐步升到试验时所需的电压，并维持这一电压直到泄漏电流稳定的时间至少为 1min。

（2）测试项目

① 干绝缘测试。

检验内容：用金属薄膜将太阳能板全部裹住，绝缘测试仪输出端接电极 A，回路端接电极 B，电压加至 3000VDC，观察测试仪上漏电电流。

检验规格：漏电电流不超过 50μA。

检验工具：耐压绝缘测试仪，接线端子，延长线。

参照标准：UL1703-26。

② 湿绝缘测试。

a. 太阳能板的正面绝缘测试：太阳能板正面朝下，水槽中的水刚好没过正面，浸水 10min；电极（铁块）放入太阳能板旁水中，绝缘测试仪的输出端接电极 A，回路端接电极 B；电压 3000VDC，观察测试仪上漏电电流。

b. 太阳能板的背面绝缘测试：太阳能板正面朝下，倾斜 30°，背板内部盛水少许（不可沾湿接线盒），用上述方法检测漏电电流。

c. 接线盒与背板粘合的绝缘测试：太阳能板正面朝下，背面槽内装水，浸湿背膜及接线盒底部硅胶粘合处，用上述方法测试绝漏电电流。

d. 接线盒的绝缘测试：用喷壶淋湿接线盒，尤其是二极管处，再用上述方法测试；

e．接线端子的绝缘测试：用喷壶淋湿接线端子，将接线端子平放于铝框上，再用上述方法测试（本次试验采取的方法是将接线端子用水淋湿，之后浸入电池板旁边的水中，浸泡一段时间之后再测量漏电流大小）。

检验规格：漏电电流大于标准值，具体如下。

a．对于面积小于 $0.1m^2$ 的光伏组件，绝缘阻值标准为不小于 $40M\Omega \cdot m^2$。

b．对于面积大于 $0.1m^2$ 的光伏组件，测试所得绝缘阻值乘以光伏组件面积的数值应不小于 $40M\Omega \cdot m^2$。

检验工具：耐压绝缘测试仪、1800mm×1000mm×150mm 水槽、接线端子、延长线、铁块、水桶、杯。

参照标准：UL1703-27。

项目八

太阳能电动小车制作

8.1 教学目标

1. 知识目标

（1）加深对太阳能光伏多晶硅电池片的认识与了解；

（2）了解太阳能光伏电池的串联知识；

（3）掌握粗铜导线焊接相关知识。

2. 技能目标

（1）提高学生焊接制作的技能；

（2）学会电工工具配合使用的技能；

（3）学会电池片的切割与焊接工艺；

（4）学会光伏电池片的简单组装与测试。

3. 素质目标

（1）通过车轮制作、电池片的切割与焊接过程，培养学生认真做事的态度；

（2）通过车轮、车架制作，培养学生的创新思维；

（3）通过学生间的配合焊接，促进学生团队协作意识；

（4）通过设备操作培养学生安全规范操作的意识。

8.2 工作原理

本制作的基本原理是利用太阳能多晶硅电池在太阳光的照射下产生电，驱动小电动机转动，再通过橡皮圈的传动驱动后轮转动，从而实现小车在室外光照下的自我行驶。太阳能电动小车行驶的快慢，受多种因素影响，其中主要的因素是室外光线的强弱、电池板表面与太阳光线间夹角的大小、制作的车轮与车架对小车行驶时产生的阻力大小、电动机的安装与设计是否合理、传动带的松紧是否合适。

制作中我们采用的是三片多晶硅电池片串联来为小车提供动力。每片电池能提供的断路电压在标准测试条件下约为0.6V，三片串联可以达到1.8V的电压。我们所选择的电动电动机为电动玩具模型上常使用的低电压驱动电动机，只要接1V的外加电压就可以转动。制作中要提醒学生，时刻考虑要尽可能减小小车行进中的各种可能的阻力。

学生每人完成一辆小车的设计与制作，必要时学生之间可以相互协助完成制作中的一些困难，最终制作质量的评定以在同样条件下车子奔跑的快慢来决定。图 8-1 所示为一辆已经完成的太阳能电动小车。

图 8-1 制作完的太阳能电动小车

8.3 制作准备与设计

1. 场地

制作太阳能电动小车我们需要两个场所，一个是进行车轮、车架及小车组装的焊接室；另一个是进行电池片加工与组装的场所，如图 8-2 所示。

图 8-2 太阳能小车焊接制作室和电池片组装室

2. 工具与制作材料

制作工具与耗材如图 8-3 所示。

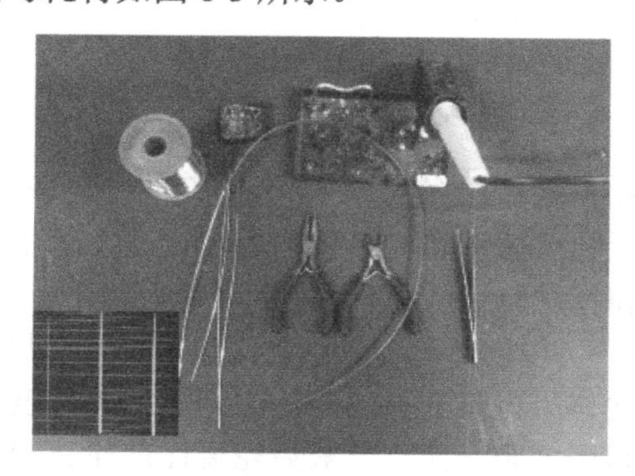

图 8-3 制作工具与耗材

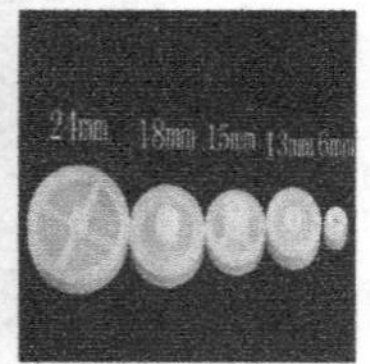

图 8-3　制作工具与耗材（续）

8.4　制作工艺与流程

1. 电池的切割与焊接

利用光伏电池片激光切割机将边长为156cm的多晶硅电池片6等分切割成78cm×52cm的电池片，利用焊带对切割好的电池片进行正面和背面的焊接。在尺寸为10cm×18cm×3mm的有机玻璃板上涂一层硅胶，再将焊接好的电池片放于硅胶上，用手指轻轻将电池片压紧在有机玻璃板上，再用焊带将三片电池片的正负极相连接，形成三块电池片的串联。完成后放置于通风干燥处进行24h的自然固化。在这个过程中，由于电池片的易碎性，焊接与贴片工作可以由老师完成，学生想自己完成的，必须在老师指导下，并且观看老师操作几次后方可进行。电池片的焊接如图8-4所示。

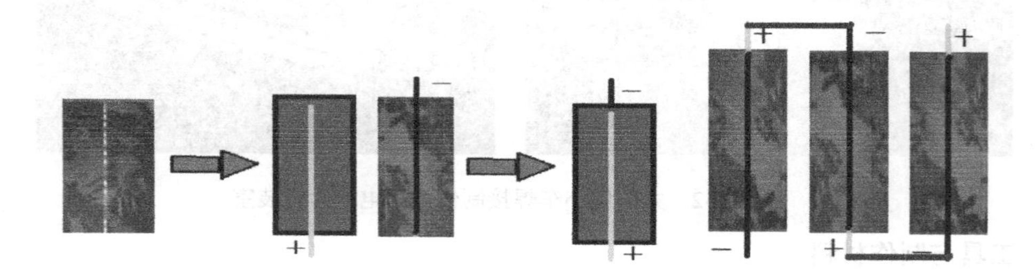

图 8-4　电池片的焊接

2. 车轮与车架制作

（1）车轮制作

什么样的车轮会使车子跑得更快？如何制作这样的车轮，老师可以给出一些车轮制作的例子，并提倡学生在制作中要创新，前后轮要做成结构不同的车轮，要求学生先设计图纸，论证可行性后再制作，否则是浪费时间和耗材。

利用提供的1.5mm^{2}铜导线制作车轮，可以创新制作，但必须保证车轮要尽可能圆，车轴的位置要处于车轮的圆心处，制作中只允许用提供的材料，考虑到焊接的难度，同学之间可以协作完成。为了使电池片尽可能垂直得到太阳光照，一般后轮要比前轮直径大（车头朝南时可以自然产生一定的倾斜角），制作中要考虑是前轮还是后轮驱动。

（2）车架制作

车架焊接学生发挥想象和创新的空间很大，而且这一部分对车子运行速度影响也很大，这一部分既要鼓励学生创新，但是又要考虑车子的性能尤其是车架的稳固性很重要，要兼顾二者。

要求学生先设计图纸，再讨论自己的设计是否可行。制作过程中老师巡视指导，发现有不太容易实现的或者行不通的要及时提醒。

（3）车轮与车架的组合

车轮与车架组合是太阳能电动小车制作中的关键一步，完成这部分后，整个过程也就完成了一半。制作好的车轮装上车架后应该能自由转动，且阻力越小车子跑得越快，提醒学生组装时的一些注意事项，比如传动轮固定的位置、电动机安装的位置等都需要在组装中考虑到。

（4）电动机的安装

电动机的固定同样是用铜线焊接在车架上，电动机焊接要牢固，不能松动，并且电动机上的传动轮要与车轴上的传动轮在同一竖直平面内，电动机与车轴间距要大小合适，过大会使传动带（橡皮筋）因绷得很紧而无法转动，过小传动带会掉下来。电动机的固定焊接中，焊锡不能接触到电动机的 2 个电极上，不然会容易导致车架与电极的接通，在通电后导致电机无法工作。

（5）电池板的安装

经过 24h 固化的电池板先要固定于车架上，固定的方式可以让学生自己思考，老师可以提供一两种最基本的方法，比如用电烙铁加热后的铜线在有机玻璃板上打 4 个孔，再将 4 个铜线穿过孔，另一端焊接至车架上。有机玻璃板固定好后，接着是将电池的正负极接到电动机接线柱上，因为不知道电动机是否是正转，所有此时还不能把线焊死，可到光源下试接触一下，看电动机是否是正转，否则需要对调接线。为了使电池片上的接线更加牢固，还需要提醒学生在电池片的正负电极附近的有机玻璃板上各开一个小孔让接线从里面穿过，如图 8-5 所示。

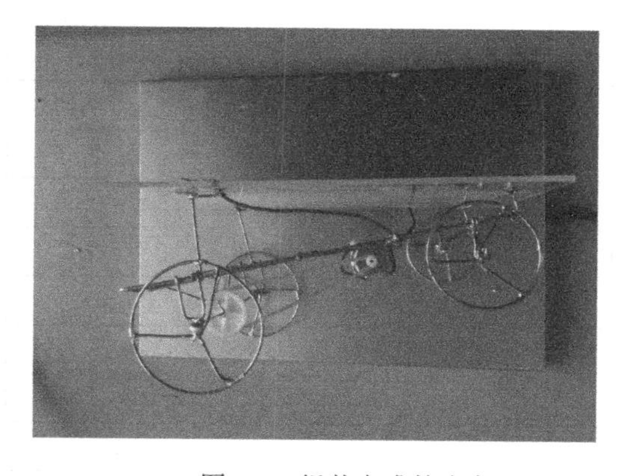

图 8-5　组装完成的小车

8.5　调试与评价

做好上面的步骤后，下面学生需要到光源下调试小车。当外界阳光充足，无法行驶的小车，要求学生寻找原因，并经过调整、测试、调整的反复过程，最终使小车能在室外平地上正常跑动。老师根据学生完成的小车各方面的情况进行评价，对于跑得快的小车还可以选拔出来进行一个太阳能小车拉力赛，如图 8-6 所示。下面提供了一个评价表，供参考。

图 8-6　即将进行比赛的小车

<table>
<tr><th colspan="6">学生评价表</th></tr>
<tr><td colspan="2">班级：</td><td colspan="2">姓名：</td><td colspan="2">总评：</td></tr>
<tr><th colspan="2">项目</th><th>自评</th><th>互评</th><th>老师评价</th><th>综合</th></tr>
<tr><td rowspan="3">任务一</td><td>车轮的设计</td><td></td><td></td><td></td><td rowspan="3"></td></tr>
<tr><td>焊接质量</td><td></td><td></td><td></td></tr>
<tr><td>车轮的圆润度</td><td></td><td></td><td></td></tr>
<tr><td rowspan="4">任务二</td><td>车架的设计</td><td></td><td></td><td></td><td rowspan="4"></td></tr>
<tr><td>焊接质量</td><td></td><td></td><td></td></tr>
<tr><td>车架的稳固程度</td><td></td><td></td><td></td></tr>
<tr><td>车架的美观度</td><td></td><td></td><td></td></tr>
<tr><td rowspan="3">任务三</td><td>车轴与车架的间隙</td><td></td><td></td><td></td><td rowspan="3"></td></tr>
<tr><td>组装效果</td><td></td><td></td><td></td></tr>
<tr><td>创新部分</td><td></td><td></td><td></td></tr>
<tr><td>任务四</td><td>调试后的测试效果</td><td></td><td></td><td></td><td></td></tr>
<tr><td colspan="2">对铜丝的加工技能</td><td></td><td></td><td></td><td></td></tr>
<tr><td colspan="2">整体焊接技能</td><td></td><td></td><td></td><td></td></tr>
</table>

填表说明：1．自评、互评及老师评价中效果很好的为 A；

2．自评、互评及老师评价中效果良好的为 B；

3．自评、互评及老师评价中效果一般的为 C；

4．自评、互评及老师评价中效果较差的为 D。

课后思考：（1）分析自己制作的车架与车轮的不足与优点。

（2）我们制作中为何采用三片大小 78cm×52cm 电池片的串联？这样的组合能否驱动小车？

（3）分析自己制作的小车跑得快慢的原因。

反侵权盗版声明